SITZUNGSBERICHTE DER SÄCHSISCHEN AKADEMIE
DER WISSENSCHAFTEN ZU LEIPZIG

*Mathematisch-naturwissenschaftliche Klasse*
*Band 111 · Heft 5*

*WOLFGANG BUCHHEIM*

# DIE KOPERNIKANISCHE WENDE UND DIE GRAVITATION

Mit 2 Tafeln

AKADEMIE-VERLAG · BERLIN
1975

Vorgetragen in der Sitzung am 19. März 1973
Manuskript eingereicht am 16. August 1974
Druckfertig erklärt am 10. April 1975

Erschienen im Akademie-Verlag, 108 Berlin, Leipziger Straße 3—4

Lizenznummer 202 · 100/569/75
Gesamtherstellung: VEB Druckerei „Thomas Müntzer“,
582 Bad Langensalza
Bestellnummer: 762 149 6 (2027/111/5) · LSV 1105
Printed in GDR
EVP 5,—

## INHALTSVERZEICHNIS

# I. Copernicus und der Ursprung des Gravitationsproblems

Die 500. Wiederkehr des Geburtstages von Nicolaus Copernicus (geb. 19. 2. 1473) rückte den Begründer des neuzeitlichen astronomischen Weltbildes in vielfältiger Sicht und weltweit in den Blickpunkt der Erinnerung und Besinnung. An Wirkung seinen Zeitgenossen Columbus und Luther vergleichbar, führte Copernicus unsere Kultur aus mittelalterlich dogmatischer Beschränkung und einseitig aristotelisch fixierter Tradition in die Weite und Offenheit einer neuen Naturauffassung, die sich mit der Renaissance anbahnt. In diesem großen Umschwung menschlichen Selbstverständnisses und gesellschaftlicher Ordnung, über den in Zusammenhang mit Copernicus im Jubiläumsjahr vieles gesagt und geschrieben wurde, was hier nicht wiederholt zu werden braucht (siehe hierzu insbesondere [1]), bedeutet dieser große und vielseitige Renaissancegelehrte in seiner Person vor allem den Durchbruch zu einer neuen, zunächst scheinbar demütigenden, in Wahrheit aber erhebenden Sicht des Menschen von sich selbst in seiner Stellung zum Kosmos [8, 20, 41].

Die vielzitierte „kopernikanische Wende", der Übergang von der geozentrischen zur heliozentrischen Ansicht des Planetensystems, war streng genommen wie die gesamte Renaissance „Wiedergeburt", nämlich die eines zentralen Leitgedankens, der schon in der Antike — nachweislich bei Aristarch v. Samos im 3. Jahrhundert v. d. Z. — aufgetaucht war, der Antike, die auch bereits das Wissen von der Kugelgestalt der Erde besaß und deren Durchmesser erstaunlich genau abgeschätzt hatte (Eratosthenes im 3. Jahrhundert v. d. Z.). Daß hingegen die Bestimmung der Entfernung der Sonne von der Erde (rund 150 Millionen Kilometer) damals völlig mißlungen war, liegt in der Kleinheit der Sonnenparallaxe und dem gänzlichen Fehlen derjenigen optischen Hilfsmittel begründet, die zu ihrer genauen Messung nötig sind. So schätzte man diese Entfernung damals etwa zwanzigmal kleiner, als sie in Wahrheit ist, und damit auch die Ausdehnung der Sonne (Durchmesser 1,4 Millioonen Kilometer) um diesen Faktor zu gering, die Größenordnung ihrer Masse sogar um den Faktor $10^4$ zu klein. Der Antike fehlte jegliches überzeugende Argument für die ungeheure materielle Präponderanz der Sonne vor Erde und Mond. Hiermit wird bis zu einem gewissen Grade verständlich, warum die gesamte hellenistische, durch CLAUDIUS PTOLEMÄUS im 2. Jahrhundert n. d. Z. begründete, im wesentlichen auf HIPPARCH fußende astronomische Tradition geozentrisch orientiert blieb. PTOLEMÄUS berühmtes Kompendium der gesamten Astronomie seiner Zeit, die *μεγάλη σύνταξισ τῆσ 'αστρονομίασ* [34] wurde im Jahr 827 mit der Bezeichnung „Kitab al magisti" aus dem Griechischen in das Arabische übersetzt, aber erst im 12. Jahrhundert als „Almagest" ins Lateinische übertragen. Damit wurde die *geozentrische* antike Konzeption der Astronomie in die scholastische Überlieferung des europäischen Mittelalters *integriert,* zu deren aristotelischem Tenor sie ausgezeichnet paßte, die *heliozentrische* aber war für rund eintausenddreihundert Jahre aus der abendländischen Wissenschaftstradition *eliminiert.* Erst COPERNICUS hat sie wieder zur Geltung gebracht.

Die antike, von PTOLEMÄUS systematisierte Astronomie reduzierte sich auf eine *geozentrische Kinematik* der Sonne, des Mondes und der Planeten (ohne Uranus, Neptun usw., die damals noch unbekannt waren), wobei die Fixsternsphäre als starrer, sich gleichmäßig drehender Orientierungshintergrund diente. Erfaßbar mit den damaligen Mitteln waren also lediglich die Positionen dieser beweglichen Gestirne an der „Sphäre", ihre Projektionen auf diese mit der Erde als Projektionszentrum, nicht die Entfernungen von der Erde (mit Ausnahme des Mondes). An ein kausales Verständnis aller dieser Bewegungen im modernen mechanistischen Sinn dachte in der Antike niemand. Als „vollkommenste" Bewegung galt ihr im Anschluß an PLATO auch in der Astronomie nach dem Mathematiker APOLLONIUS VON PERGE (etwa 260—190 v. d. Z.) das gleichförmige Durchlaufen eines Kreises, im folgenden als „apollonische Doktrin" bezeichnet. Ziel war die Auflösung der geozentrisch projizierten Bewegung in eine Überlagerung von *Kreisbewegungen.* Dabei lief der Mittelpunkt des Kreises („Epizykel"), den z. B. ein Planet beschreibt, auf einem zweiten Kreis um, dessen Mittelpunkt u. U. wieder auf einem dritten, usw. Im Mittelpunkt des letzten Kreises („Deferent") steht schließlich die Erde. Diesem rein deskriptiven System wohnt in mathematischer Sicht eine bewundernswerte Konsequenz und Geschlossenheit inne: Im Sinn der FOURIER-Analyse müßte es sogar zu einer beliebig genauen Approximation der tatsächlichen relativen Projektionen der Gestirnbewegung führen, wenn das Planetensystem ein streng „mehrfach-periodisches" im Sinn heutiger Mechanik wäre. In der Tat ist es das, wie die Himmelsmechanik zeigt, in recht weitgehender Annäherung, und hierauf beruht der immerhin beachtliche Erfolg und die relativ weittragende prognostische Brauchbarkeit des apollonisch-ptolemäischen Konzeptes[1]). Denn was die Analyse und Prognose der Gestirnbewegung vom geozentrischen Standpunkt aus so außerordentlich kompliziert, ist das Phänomen des Wechsels von Vor- und Rückläufigkeit der Planeten am Fixsternhimmel und einer eigentümlichen Schleifenbildung in ihrer Bahn, wie dies in Abbildung 1 für einen äußeren Planeten verdeutlicht wird.

Copernicus hat selbst angesichts eines großen, vor allem durch arabische Astronomen vermehrten und verbesserten Beobachtungsmaterials, offenkundig nie daran gedacht, die apollonische Doktrin aufzugeben. Ihm ging es um die Vereinfachung, die Reduktion des Epizykeln-Systems, aber nicht um seine völlige Abschaffung, wie sie Kepler später vollzog. Copernicus bemerkte, daß sich diese Vereinfachung (bei der noch immer 38 Epizykeln übrigblieben!) durch eine Verlegung des Projektionszentrums von der Erde in die Sonne erzielen läßt. Damit war vom Standpunkt eines rein kinematischen Relativismus, den die Antike schon gekannt hatte, eigentlich nichts „Wesentliches" ausgesagt. In der Tat haben mit dieser Argumentation Copernicus' protestantische Freunde bei der Drucklegung des Hauptwerkes „De revolutionibus orbium coelestium" [6] 1543 dem Sich-Aufbäumen des sich in kirchlich aristotelischer Tradition im Zentrum der Welt geborgen fühlenden Menschen gegen solche „Entthronung" den Boden zu entziehen versucht. Der — nicht von Copernicus stammende — Zusatz „orbium coelestium" zu dem Originaltitel „De revolutionibus" sollte wohl einerseits den astronomischen Charakter von Copernicus' postum erscheinendem Hauptwerk unterstreichen, aber andererseits den Bruch mit dem apollonisch-ptolemäischen Konzept nach außen hin verschleiern. In Wahrheit hatte Copernicus jedoch bereits um 1510 in seinem — zu Lebzeiten unveröffentlichten — „Commentariolus" [5] in wenigen Kernsätzen, die im folgenden in der Übertragung von Zinner [45] nach Wussing [44] deutsch wiedergegeben werden, das in der Tat Revolutionierende, aber freilich nur *intuitiv* Begründbare seines Schrittes ausgesprochen, nämlich daß *„die Mitte der (astronomischen) Welt in der Nähe der Sonne liege"*. Hören wir ihn selbst:

*Erster Satz*

„Alle Himmelskörper oder Sphären haben nicht einen gemeinsamen Mittelpunkt."

---

[1]) Die Erfindung der Epizykeln wird Apollonius zugeschrieben.

*Zweiter Satz*

„Der Erdmittelpunkt ist nicht der Mittelpunkt der Welt, sondern nur der Schwere und der Mondbahn.“

*Dritter Satz*

„Alle Bahnen umgeben die Sonne, als stünde sie in aller Mitte, und daher liegt die Weltmitte nahe der Sonne.“

*Vierter Satz*

„Das Verhältnis der Entfernung Sonne – Erde zum Abstand des Fixsternhimmels ist kleiner als das vom Erdhalbmesser zur Sonnenentfernung, so daß diese im Verhältnis zum Fixsternhimmel unmerklich ist.“

*Fünfter Satz*

„Alles, was an Bewegung am Fixsternhimmel sichtbar wird, ist nicht von sich aus so, sondern von der Erde aus gesehen. Die Erde also dreht sich mit den ihr anliegenden Elementen in täglicher Bewegung einmal ganz um ihre unveränderlichen Pole. Dabei bleibt der Fixsternhimmel unbeweglich als äußerster Himmel.“

*Sechster Satz*

„Alles, was uns bei der Sonne an Bewegung sichtbar wird, entsteht nicht durch sie selbst, sondern durch die Erde und die Erdbahn, auf der wir uns um die Sonne bewegen wie jeder andere Planet. Und so wirken mehrere Bewegungen auf die Erde ein.“

*Siebenter Satz*

„Was bei den Planeten als Rückgang und Vorrücken erscheint, ist nicht von sich aus so, sondern von der Erde aus gesehen. Nur aus ihrer Bewegung erklären sich so viele verschiedenartige Erscheinungen am Himmel.“

Vom Standpunkt des kinematischen Relativismus (der übrigens in der sogenannten allgemeinen Relativitätstheorie EINSTEINS bis zu einem gewissen Grade wiederkehrt), gibt es keine Mitte: Jeder Körper, jedes Bezugssystem, das in einem solchen verankert ist, kann Mitte sein. Mit der Weltmitte nahe der Sonne sprach aber COPERNICUS in These 3, soweit das zu seiner Zeit rein verbal überhaupt schon möglich war, seine Überzeugung von der die materielle Struktur und den Ablauf des Planetensystems regelnden *Präponderanz des Zentralgestirns* aus – ohne natürlich diesen intuitiv richtig erfaßten Sachverhalt quantitativ schon irgendwie belegen zu können. COPERNICUS war kein „Relativist“, selbst im Sinne der Antike nicht, wie OSIANDER es die Welt bei der Herausgabe von „De revo-

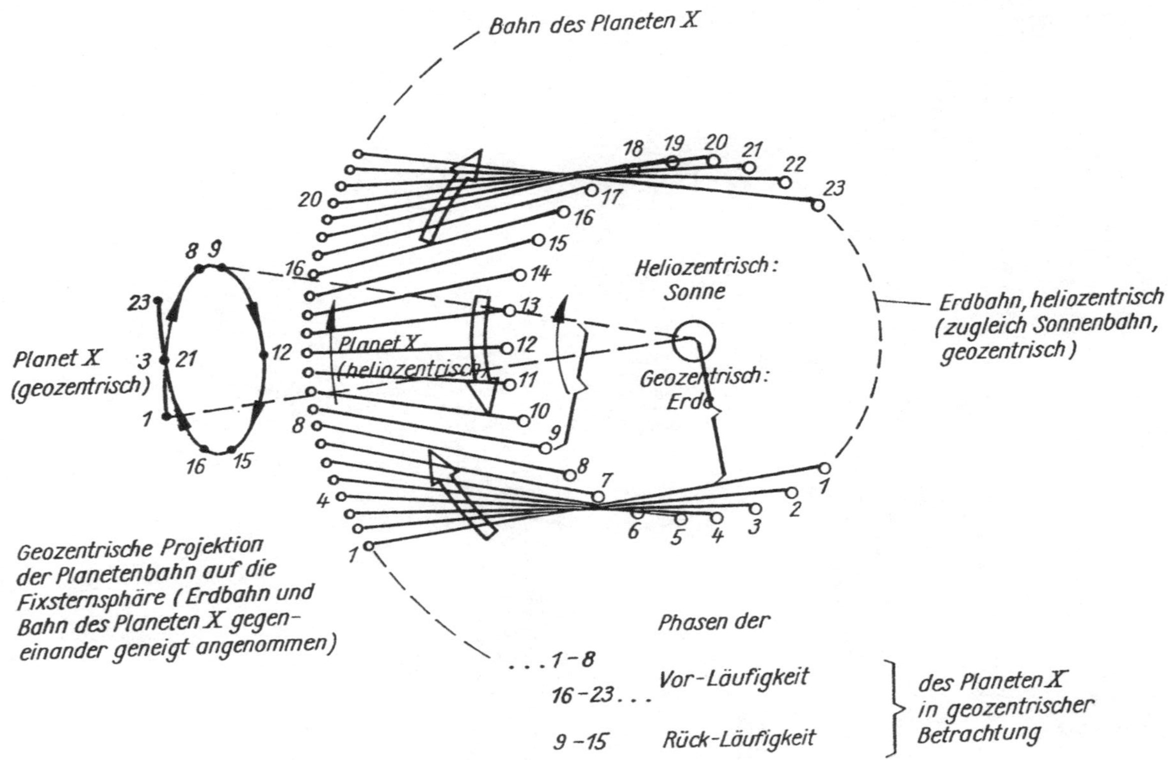

Bahn des Planeten X
Erdbahn, heliozentrisch (zugleich Sonnenbahn, geozentrisch)
Heliozentrisch: Sonne
Geozentrisch: Erde
Planet X (heliozentrisch)
Planet X (geozentrisch)
Geozentrische Projektion der Planetenbahn auf die Fixsternsphäre (Erdbahn und Bahn des Planeten X gegeneinander geneigt angenommen)
Phasen der
...1–8 / 16–23... Vor-Läufigkeit
9–15 Rück-Läufigkeit
des Planeten X in geozentrischer Betrachtung


Abbildung 1

lutionibus“ glauben machen wollte. Für ihn bedeutete der Heliozentrismus mehr als einen möglichen Standpunkt, nämlich eine „Wahrheit“ im Sinne von Bewährung, und hierin sehen wir heute seine überragende wissenschaftsgeschichtliche Bedeutung. Unseres Erachtens antizipierte COPERNICUS nämlich in These 3 seines „Commentariolus“ in qualitativer Form den Gedanken von der Gravitation als einer physischen strukturbestimmenden Macht im Planetensystem. Mit der Einführung dieser physisch-materialistisch aufgefaßten „Mitte“ gewissermaßen als Arbeitshypothese und in dem Bestreben, das apollonisch-ptolemäische, rein kinematische Konzept zu vollenden, bereitete COPERNICUS in Wahrheit die Verquickung der uralten Wissenschaft Astronomie mit der damals erst am Horizont auftauchenden neuzeitlichen *Physik* vor. In der Tat hat erst die heliozentrische Sicht der Planetenbewegung, wie im folgenden ausgeführt werden soll, die Auffindung der universellen *Massenattraktion* ermöglicht, weil sie sich in heliozentrischer Sicht am deutlichsten erkennen ließ. COPERNICUS' „Weltmitte“ wäre in heutiger Sprache wohl mit dem Massenmittelpunkt (Schwerpunkt) des Planetensystems zu identifizieren. Der Begriff Schwerpunkt, obgleich schon ARCHIMEDES bekannt, wäre aber Anfang des 16. Jahrhunderts angesichts der völligen Unkenntnis der relativen Massenverhältnisse von Sonne, Planeten und Monden zueinander gänzlich nichtssagend gewesen. Nicht nur diese Relationen, sondern auch die wahren Entfernungen der Körper unseres Planetensystems voneinander waren COPERNICUS noch völlig unbekannt.

Das zweite wichtige Ergebnis, das der Übergang zum Heliozentrismus zeitigt, wird in der letzten These (7) angekündigt. Die Epizykeln sollten — wenigstens nahezu — entbehrlich werden. Abbildung 1 mag verdeutlichen, wie der Wechsel von Vor- und Rückläufigkeit eines äußeren Planeten, z. B. des Jupiter, qualitativ auf den gleichsinnigen Umlauf von Erde und Planet in konzentrischen Kreisbahnen um die Sonne ohne Zuhilfenahme von Epizykeln zurückgeführt werden kann. Daß COPERNICUS aber die Epizykeln in beachtlicher Zahl zunächst doch noch in seine heliozentrische Astronomie übernehmen mußte, rührt lediglich daher, daß er streng an der apollonischen Doktrin festhielt. Erst nachdem sich KEPLER mit der Entdeckung des nach ihm benannten Gesetzes und der Aufstellung der sogenannten KEPLERschen Gleichung von dieser Doktrin völlig gelöst hatte, waren sie endgültig aus der Astronomie eliminiert.

Man darf sich überhaupt die „kopernikanische Wende“ als wissenschaftliches Ereignis im astronomischen Bereich keineswegs als einen glanzvollen, wenigstens von der damaligen Fachwelt enthusiastisch etwa als Stein der Weisen begrüßten Umschwung vorstellen. Nicht unwesentlich hierfür dürfte gerade die Beibehaltung der Epizykeln in „De revolutionibus" gewesen sein. Die Bedeutung des kopernikanischen Schrittes dürfte weit richtiger zunächst von humanistischen und philosophischen Trägern des neuen Renaissance-Weltgefühls wie RHAETICUS, TIEDEMANN GIESE und vor allem GIORDANO BRUNO gesehen worden sein. Die Fachastronomen dagegen, selbst führende wie TYCHO DE BRAHE, dachten weit mehr als jene – eigentlich progressiven – Kreise noch „unphysisch", d. h. rein mathematisch-kinematisch, und maßen die kopernikanische Sache an der praktischen Verbesserung der Vorausberechnung der Planetenörter wie sie vor allem die politische Astrologie damals verlangte. Hierfür bedeutete aber ein Heliozentrismus mit 38 Epizykeln praktisch keinen großen Fortschritt. Und dennoch hielt COPERNICUS in „De revolutionibus orbium coelestium" den alten aristarchischen Schlüssel zu einem neuen, schließlich über die Planetenwelt weit hinausgehenden astronomisch-physikalischen Verständnis in den Händen; der Bart paßte vorerst nur noch nicht. Wie ein großer Berg seine ganze Höhe und Ausdehnung erst aus einiger Entfernung offenbart, so brauchte auch COPERNICUS' Hauptwerk Zeit, um zu wirken und die Welt seine ganze Tragweite erkennen zu lassen. Die Aufsaugung der Astronomie durch die – erst mit GALILEI etwa seit 1600 entstehende – neuzeitliche Physik erfolgte über das Problem der – mit Sicherheit von KEPLER vermuteten – universellen Massenanziehung, der *Gravitation*. Diese Assimilation war ein Vorgang von nunmehr über vier Jahrhunderten Dauer, der auch heute noch keineswegs abgeschlossen ist. Er war zunächst eng mit der Entwicklung der rationellen Mechanik, speziell der sogenannten Himmelsmechanik verknüpft, lief aber schließlich, etwa seit 1900, auf die Herausbildung der modernen kosmischen Physik hinaus.

Mit dem Erscheinen von „De revolutionibus orbium coelestium" 1543 eingeleitet, schritt dieser Prozeß langsam, aber unaufhaltsam und gewissermaßen schubweise voran, wobei sich bis heute etwa *sechs Phasen* deutlich unterscheiden lassen. Jede dieser Phasen wird durch eine neue Entdeckung, eine epochemachende Erfindung oder auch durch die Konzeption eines neuen Begriffs eröffnet und integriert jedesmal die vorangegangene. Wir wollen diese Phasen der Entwicklung des Gravitationsproblems im folgenden zu kennzeichnen versuchen.

## II. Entwicklungsphasen der Himmelsmechanik und Gravitationstheorie

### 1. Die tychonische Phase

Die erste und zweite Phase sind Vorstadien, charakterisiert durch eine noch ungemischte, rein kinematische Auffassung des Problems. Der zentrale Begriff der neuzeitlichen Physik, die Kraft, erst von Newton physikalisch-meßmethodisch klar definiert, fehlt noch. So ist die erste Phase — 1543 bis etwa 1600 — durch die Ablehnung des Heliozentrismus durch die Fachastronomie gekennzeichnet. Ihr bedeutendster, um die Vollendung der astronomischen Beobachtungstechnik ohne Zuhilfenahme von optischen Vergrößerungsmitteln hochverdienter Vertreter, Tycho de Brahe (1546—1601), verband in einer geistreichen, sehr bezeichnenden Weise immerhin Helio- und Geozentrismus in einem zunächst skurril anmutenden Kompromiß, indem er den kinematischen Relativismus zu Hilfe nahm: Er ließ Mond und Sonne mit den um sie gemäß Copernicus auf konzentrischen Deferenten und kleinen Epizykeln umlaufenden Planeten um die Erde als fest gedachtes Zentrum kreisen — also gewissermaßen ein „geozentrierter Kopernikanismus". Kinematisch gesehen, ist dieser Gedanke keineswegs so gekünstelt, wie es auf den ersten Blick erscheinen mag. Bis zur geozentrischen Projektion der Kepler-Newtonschen Himmelsmechanik ist es von hier nämlich nur noch ein kleiner Schritt. Die kopernikanischen Deferenten und Epizykeln und die gleichförmige Durchlaufung aller dieser Kreise müssen lediglich durch die exzentrischen Kepler-Ellipsen mit ungleichförmigem Durchlauf gemäß der Keplerschen Gleichung ersetzt werden — eine relativ nur noch geringfügige Korrektur. Dann ergibt sich schon in beträchtlicher Näherung die im erdfesten Bezugssystem tatsächlich beobachtbare Relativbewegung von Sonne und Planeten. Der wesentliche Gedanke von Aristarch und Copernicus aber war in dieser — letzten geozentrischen — Konzeption bereits assimiliert. Wir nennen daher diese Phase nach dem Vater dieses eigenartigen, aber zu seiner Zeit naheliegenden und nur kurzlebigen Kompromisses die „tychonische".

### 2. Die kepler-galileische Phase

Den Durchbruch zum realen räumlichen Bahnbegriff, zur räumlich zutreffenden Bewegung der Planeten um die Sonne, erzielte Kepler zwischen 1609 und 1619 mit der Auffindung seiner drei nach ihm benannten Gesetze. Die gleichzeitige Erfindung des Fernrohres durch ihn und GALILEI 1609 eröffnete den Durchbruch. Auch die wichtige Entdeckung der Gesetze des freien Falls 1600 durch GALILEI, insbesondere einer für alle Körper gleichen Schwerebeschleunigung, wenn Reibung wegfällt, gehört zur Einleitung einer neuen Phase der Astronomie mit dem Anbruch des 17. Jahrhunderts, der „kepler-galileischen". Mit KEPLERS Werken „Astronomia nova de motibus stellae Martis ex observationibus Tychonis Brahe" (1609) [27] und „Harmonices mundi" (1619) wurden die apollonische Doktrin und der letzte Rest ptolemäischer Ad-hoc-Konstruktion aus der Astronomie ausgeschieden und mit GALILEI die aristotelische Physik in einem entscheidenden, sehr handgreiflichen Punkt widerlegt. Das Tor zur Entdeckung der universellen Massenanziehung war aufgeschlossen. Diese Öffnung vollzog sich vor dem Hintergrund der Vision des GIORDANO BRUNO vom unbegrenzten Kosmos der unendlich vielen Sonnen, die er, wie bekannt, mit dem Leben bezahlte. Die ausdrückliche Berufung beider Denker auf COPERNICUS, dessen Heliozentrismus zunächst von der Kurie noch stillschweigend als aristotelisch legitimierter kinematischer Relativismus hingenommen worden war, rief die Inquisition auf den Plan, als sich zeigte, daß die kopernikanische Lehre in Wahrheit unabsehbare wissenschaftliche und naturphilosophische Konsequenzen haben würde, die weit aus jeder aristotelisch-scholastischen Tradition hinausführten. Während KEPLER das Gravitationsgesetz vorausahnte, wurde mit GALILEI's Schriften auch „De revolutionibus orbium coelestium" 1617 auf den Index librorum prohibitorum gesetzt, auf dem das Werk bis zur Mitte des 18. Jahrhunderts verblieb.

## 3. Die newtonsche Phase

KEPLER war zwar von der Existenz einer die Struktur und den Ablauf des Planetensystems regelnden Kraft überzeugt gewesen, aber er hatte sie quantitativ noch nicht fassen können. NEWTON [33] leitete 1666 mit der Auffindung des Gravitationsgesetzes die nächste — dritte — Phase ein, die wir die „newtonsche" nennen wollen. Daß gerade NEWTON die von KEPLER nur vermutete „Zentralkraft" quantitativ richtig angeben konnte, hing zweifellos mit der von ihm eingeführten *Maßdefinition für die Kräfte* zusammen, wonach diese durch das Produkt aus Masse und Beschleunigung gemessen werden sollten. Damit wurde ihm evident, daß den ersten beiden KEPLERschen Gesetzen ein zentralsymmetrisches Beschleunigungsfeld zugrunde liegt, dessen Intensität umgekehrt proportional dem Quadrat des Abstandes vom Zentrum der Sonne abnimmt. Was sich aber hierbei noch nicht bestimmen ließ, war die Proportionalitätskonstante: Nur das Produkt aus Sonnenmasse $M$ und Gravitationskonstante $G$ ist aus dem 3. KEPLERschen Gesetz zu entnehmen. Mit dem Gravitationsgesetz wurde eine Eigentümlichkeit der NEWTONschen Konzeption offenbar, die in der letzten Phase der Problemgeschichte wieder eine große Rolle spielt: Mit der Bewegungsgleichung

$$\boldsymbol{F} = m_T \boldsymbol{a}$$

($\boldsymbol{F}$ die bewegende Kraft, $m_T$ die träge Masse, $\boldsymbol{a}$ die Beschleunigung) wird genau genommen nicht die gleiche Masse $m_G$ definiert, wie mit dem Gravitationsgesetz

$$\boldsymbol{F} = m_G \frac{GM}{r^2} \boldsymbol{e}_{mM}$$

($\boldsymbol{e}_{mM}$ der Einheitsvektor der Verbindung $mM$).

Wenn jedoch die Zentralmasse $M$ nur ein für alle umlaufenden Massen $m$ gleiches Beschleunigungsfeld $\boldsymbol{a}$ erzeugt, so muß Proportionalität zwischen träger Masse $m_T$ und schwerer Masse $m_G$ des gleichen Planeten bestehen, und bei geeigneter Wahl der Einheiten muß sich

$$m_G = m_T = m$$

aus der Bewegungsgleichung für jede umlaufende Masse $m$

$$m_T \boldsymbol{a} = m_G \cdot \frac{MG}{r^2} \cdot \boldsymbol{e}_{mM}$$

herausheben. Die GALILEIschen Fallversuche hatten das bereits für das Schwerefeld der Erde grob bestätigt. Es gibt also empirisch, nicht definitorisch, nur eine *einzige* charakteristische Masse für jeden Körper, „träge" und „schwere" Masse sind stets gleich. Diese Massenäquivalenz ist in der NEWTONschen Gravitationstheorie ein empirisches Kuriosum, keine logische Notwendigkeit. Sie hängt mit der Auffassung der Gravitation als einer Kraft zusammen, während sie sich in Wahrheit immer nur als *Beschleunigung* auswirkt, also ein kinematisches Problem bleibt. Man kann also sagen, daß in der NEWTONschen Mechanik die Dynamisierung der Gravitation durch die Zusatzbedingung $m_G = m_T$ wieder zurückgenommen wird. Mit der Identifizierung der irdischen Schwere, die seit Urzeiten bei allem menschlichen Tun auf der Erde in Rechnung zu stellen war und fortan ist, mit jener geheimnisvollen, über unermeßliche Zwischenräume durch den — nahezu — materieleeren Weltraum hindurch wirkenden Fernkraft „Gravitation", die das Planetensystem zusammenhält und alle Massenbewegung in ihm regelt, verband NEWTON für alle Zeit Physik und Astronomie fest miteinander und wurde so u. a. zum Begründer der neuzeitlichen „rationellen“ Mechanik der Himmelsbewegungen. Er zeigte, daß der astronomische Himmel in der Sicht neuzeitlicher Physik auch „Erde“ ist, indem in beiden Bereichen dieselben Naturgesetze walten und unser Planet als Teil des Kosmos verstanden werden kann. Als Hauptbeweis für die Gültigkeit des Newtonschen Gravitationsgesetzes wurde mit Recht empfunden, daß sich aus ihm die drei Keplerschen Gesetze der Planetenbewegung streng ableiten ließen und auch Bahnen extrem elliptischen Charakters, wie z. B. die von Kometen oder sogar von Hyperbelcharakter, verständlich wurden. In diesem Zusammenhang muß ausdrücklich betont werden, daß Newton mit der astronomischen Bestätigung des Gravitationsgesetzes und des gesamten Konzepts seiner Mechanik (Bewegungsgleichung, Kraft = Masse mal Beschleunigung, Reaktionsprinzip) nach fast drei Jahrhunderten schließlich der Vater der heutigen *Astronautik* und damit aller Versuche des Menschen, in den Weltraum vorzudringen und andere Himmelskörper zu erreichen, geworden ist. Auf Grund des Gravitationsgesetzes konnte er auch zeigen, daß sowohl die Gestalt der Erde als auch die Gezeiten durch die universelle Massenanziehung bestimmt sind, auch wenn die rechnerische Bewältigung dieses Problems zu damaliger Zeit noch auf Schwierigkeiten stieß.

Newton erkannte im „absoluten Raum“, der — nach Huygens — praktisch freilich mit der „Fixsternsphäre“, für die ältere Astronomie einschließlich Copernicus und Tycho nur ein kosmischer Hintergrund für die Feststellung von geozentrisch aufgenommenen Bewegungen, identifiziert werden mußte, die dynamische Ursache des astronomischen Inertialsystems, in welchem seine Mechanik die einfachst mögliche Form annimmt (Fehlen von Trägheitskräften) und das Galileische Trägheitsprinzip gilt. Daß umgekehrt Rotation gegenüber der Fixsternsphäre mit dem Auftreten solcher Trägheitskräfte, z. B. von Zentrifugal- und Corioliskraft, verbunden ist, gestattete jetzt, die Gestalt der Himmelskörper als Gleichgewichtsfiguren rotierender, säkularflüssiger Massen aufzufassen. Für die Erde resultiert so aus ihrer Umdrehung um die eigene Achse eine schwache, aber wohldefinierte *Abplattung*, deren Bestimmung und Vergleich mit der Realität seit Newton eine wichtige Aufgabe der höheren Geodäsie ist und 1735 von der Französischen Akademie der Wissenschaften erstmals in Angriff genommen wurde. (Lappländische und peruanische Gradmessung.) Dabei stellte sich die sogenannte physikalische Erdgestalt in größter Annäherung tatsächlich als schwach abgeplattetes Ellipsoid heraus, und Clairaut konnte diese Abplattung (von etwa $^1/_{300}$ des Durchmessers) theoretisch mit der *Schweredifferenz* zwischen Pol und Äquator in Verbindung bringen, auf die RICHERS 1673 erstmals aufmerksam geworden war. Auch die Erklärung der Erdfigur war also eine wichtige Konsequenz des von NEWTON dynamisch interpretierten Kopernikanismus.

In die newtonsche Phase, unmittelbar verknüpft mit der Person NEWTONS, gehört noch ein anderes astronomiegeschichtliches Ereignis von größter Tragweite. Noch nicht sechzig Jahre war es her, daß Fernrohre in die beobachtende Astronomie eingeführt worden waren, als NEWTON, nachdem seine optischen Studien ihn ihre Mängel hatten klar erkennen lassen, 1672 das erste *Spiegelteleskop* entwarf und selbst herstellte. Damit wurde der Astronomie das Fenster geöffnet, das später den Blick in die unermeßliche extragalaktische Welt zu richten erlaubte. Allein die Verbesserung der Fernrohre ermöglichte schon einen ersten direkten Beweis dafür, daß COPERNICUS' Übergang zum heliozentrischen System mehr als einen bloßen Bezugssystemwechsel[1]) bedeutete: 1728 entdeckte BRADLEY mit der *Aberration* des Fixsternlichtes einen winzigen Effekt, der zeigte, daß die Erde relativ zum Kosmos eine kreisförmige Bewegung mit angebbarer, praktisch konstanter Bahngeschwindigkeit ausführt. [3]

In die newtonsche Phase gehört auch der kühne Versuch KANTS von 1755, auf Grund der allgemeinen Massenanziehung eine *Kosmogonie* auf mechanistischer Basis zu entwerfen [19, 26], also den Mythos durch Mechanik zu ersetzen. Dieses allerdings nur qualitativ durchgeführte Konzept war einerseits zu groß, andererseits zu einseitig angelegt, als daß es wissenschaftlich Bestand hätte haben können. Wesentlich bescheidener und an die kopernikanische Wende unmittelbarer anschließend wie auch quantitativ besser fundiert war der Versuch LAPLACES (1796), die genannte Fragestellung auf das Planetensystem zu reduzieren [30], eine ebenfalls rein mechanistische Theorie, die trotz mancher Unterschiedlichkeit oft in einem Satz mit der KANTschen genannt worden ist und von der unten nochmals die Rede sein soll. Immerhin gab diese „KANT-LAPLACEsche Theorie" die Richtung an, in der sich fortan das naturwissenschaftliche Verständnis des Kosmos zu entwickeln suchte, auch dies eine Folge des Kopernikanismus und seiner Wendung ins Rational-Mechanistische und Kausale durch NEWTON. Seitdem ist der Gedanke einer Entwicklung, einer irreversiblen *Geschichte des Kosmos*, der Antike völlig wesensfremd, aus der Astronomie nicht mehr geschwunden, sondern vielmehr in der

[1]) Trotzdem nimmt der Begriff des physikalischen Bezugssystems seinen Ausgang bei COPERNICUS [40].

letzten — sechsten — Phase zu einem Zentralthema der Astrophysik geworden.

## 4. Die laplacesche Phase

Der Name LAPLACE leitet über zur nächsten — vierten — Phase des hier geschilderten Prozesses. Sie wird durch die mathematische Durchführung des NEWTONschen Konzeptes in der Astronomie in Verbindung mit neuen astronomischen Entdeckungen gekennzeichnet und war hauptsächlich von LAPLACE geprägt. Eingeleitet wird sie durch die Aufstellung eines neuen Begriffs der theoretischen Physik, der in allen ihren Bereichen und darüber hinaus zu größter Bedeutung gelangte, nämlich dem des *Potentials* bzw. der potentiellen Energie 1773 durch LAGRANGE [28]. Man hatte entdeckt, daß jedes System von Zentralkräften, für die die Gravitation den Prototyp abgab, aus einer einzigen, von den verwendeten Koordinaten völlig unabhängigen (koordinateninvarianten) skalaren „Stammfunktion" ableitbar ist, die physikalisch obendrein die anschauliche Bedeutung einer Energie besitzt. Die Möglichkeit, extensive Größen auf skalare Invarianten zurückzuführen, ist seitdem das mächtigste Hilfsmittel der theoretischen Physik geworden, die Kompliziertheit und Spezifik der Bildung und Verknüpfung gerichteter Größen zu reduzieren und von speziellen verwendeten Koordinaten zu lösen. In den Händen von LAPLACE wurde der Potentialbegriff zu einem wichtigen Hilfsmittel einer bewundernswerten analytischen Durchdringung des NEWTONschen Konzeptes der Mechanik in der Astronomie, das sich hier als „*Himmelsmechanik*" konkretisierte. So fand LAPLACE die charakteristische partielle Differentialgleichung für das Gravitationspotential $V$ außerhalb beliebig verteilter Massen, die LAPLACEsche,

$$\Delta V = \frac{\partial^2 V}{\partial x^2} + \frac{\partial^2 V}{\partial y^2} + \frac{\partial^2 V}{\partial z^2} = 0$$

auf, auf die sich später ein ganzer Zweig der Mathematik, die Potentialtheorie, gründete. In seinen großen, zwischen 1784 und 1787 entstandenen astronomischen Arbeiten wandte er die verfeinerten Methoden der analytischen Mechanik auf die Bewegung der Planeten an, indem er deren in den KEPLERschen Gesetzen zunächst vernachlässigte, sehr schwache gegenseitige Anziehung berücksichtigte. Er wurde damit zum Initiator der astronomischen Störungstheorie, die später auch für die Atomphysik zeitweilig beispielgebend wurde. Es gelang ihm, die *Stabilität* des Planetensystems mathematisch zumindest als sehr wahrscheinlich nachzuweisen. Die Frage seiner Entstehung, zu der er in einer gewissen, ihn stets auszeichnenden Bescheidung auf das Nächstliegende geistreiche Gedanken entwickelte, wurde bereits erwähnt. Die wechselseitige Beeinflussung der Planeten durch die Gravitation, durch LAPLACE jetzt quantitativ streng erfaßt, gestattete, die Massenrelationen im System zu bestimmen. Dabei zeigte sich, daß die Masse aller Planeten und Monde zusammen nur etwa $\frac{1}{700}$ der Sonnenmasse ausmacht, mit anderen Worten, daß der Massenmittelpunkt des ganzen Systems dauernd innerhalb der Sonne liegt. Damit wurde die These von COPERNICUS [5] über die „Mitte der Welt in der Nähe der Sonne", materialistisch gedeutet, auf das glänzendste bestätigt. LAPLACES Ideen und Vermutungen befinden sich noch heute in der astrophysikalischen Diskussion, z. B. die, daß auch das *Licht* der Gravitation unterworfen sei und deshalb sehr große kosmische Objekte unsichtbar bleiben müßten (die „Schwarzen Löcher" der heutigen Astrophysik). Die Entdeckung des Planeten Uranus 1783 durch HERSCHEL sowie — astronomiegeschichtlich vielleicht viel entscheidender — die Auflösung von *Nebelflecken* und *Sternhaufen* mittels des Spiegelteleskops, das er damit zum zukunftbestimmenden Beobachtungsmittel der Astronomie machte, bildeten die Begleitmusik zu dem triumphalen Schauspiel der Anwendung analytischer Mathematik in der Physik des Himmels durch LAPLACE. Sein „Traité de mécanique céleste", 1799 bis 1824 erschienen, wurde das astronomische Standardwerk der Epoche [29]. Nicht übersehen werden möge hierbei, daß 1798 CAVENDISH [4] mit der kurz zuvor von COULOMB erfundenen Drehwaage die in astronomischer Hinsicht so spröde Gravitationskonstante $G$ terrestrisch, d. h. im Laboratorium ohne Zuhilfenahme jeglicher Astronomie, endlich bestimmen konnte! Damit wurden erstmals absolute Angaben über die Massen von Sonne, Planeten und Monden und deren Dichten möglich, die unerwartete Relationen zeigten.

## 5. Die hamiltonsche Phase

LAPLACE und HERSCHEL hatten solchermaßen ein Konzept für die Astronomie hinsichtlich Berechnung und Beobachtung entwickelt, das eine kleine, aber ständig wachsende Zahl von Astronomen während des ganzen nun folgenden 19. Jahrhunderts beschäftigte und dessen Kern die Gravitation und ihre Wirkung im Kosmos war, also im wesentlichen die Mechanik der kosmischen Materie. Thermodynamik und Elektrodynamik waren noch in der ersten Entstehung begriffen, das Denken in Energie und Energieumsetzungen, das heute die Astrophysik weithin beherrscht, noch ganz unentwickelt. Die nun folgende fünfte Phase in der Geschichte des Gravitationsproblems ist, im ganzen gesehen, nach außen hin durch die Ausführung des Bauplanes gekennzeichnet, den die Genannten selber in Angriff genommen und zu einem guten Teil schon verwirklicht hatten. Die Entdeckung des Planeten Neptun durch GALLE 1846 aufgrund der störungstheoretischen Vorhersage durch LEVERRIER zeigte jetzt den Grad der Präzision, zu der es die Astronomie durch LAPLACE gebracht hatte, aber nicht minder eindringlich die ungeheure Genauigkeit, mit der die Gravitation, zumindest in Räumen von interplanetarem Ausmaß, durch die NEWTONsche Mechanik erfaßt worden war. Dennoch standen am Beginn dieser Phase zwei relativ unscheinbare Entdeckungen, die die langsam vordringende Umwandlung der Astronomie, wie man sie damals verstand, in *Astrophysik* und schließlich in *Kosmologie* entscheidend vorbereiteten. Es waren dies BESSELs Entdeckung der ersten *Fixsternparalaxe* 1838 [2], mit der ein erstes Maß für kosmische Entfernungen im galaktischen Raum aufgefunden wurde, und die Einführung des Prinzips der *stationären Wirkung* und des sogenannten kanonischen Schemas in die Mechanik durch HAMILTON 1834 [18]. Dieses Prinzip, das später auch in der Thermodynamik und Elektrodynamik gültig gefunden wurde, besagt daß der Übergang eines physikalischen Systems von einem bestimmten Anfangs- in einen fixierten Endzustand gemäß den hierfür gültigen Bewegungsgleichungen immer so stattfindet, daß die Wirkung (Aktion) $W$, d. h. hier das Zeitintegral über eine skalare Invariante, die LAGRANGEsche Funktion, einen stationären Wert annimmt. Die Länge des Zeitintervalls ist dabei beliebig, aber fest. So werden die berühmten LAGRANGEschen Gleichungen 2. Art für Systeme mit $f$ holonomen Freiheitsgraden

$$\frac{\mathrm{d}}{\mathrm{dt}}\left(\frac{\partial L}{\partial \dot{q}_k}\right) - \frac{\partial L}{\partial q_k} = 0 \qquad (k = 1,2, \ldots f)$$

mit den EULERschen Differentialgleichungen eines Wirkungsprinzipes identisch, dessen LAGRANGEsche Funktion $L$ speziell bei konservativen Systemen die Differenz zwischen kinetischer Energie $T$ und potentieller Energie $U$ bedeutet:

$$L = T - U \qquad W = \int_{t_1}^{t_2} \mathrm{d}t L \qquad \text{stationär}\,.$$

Derartige „Extremalprinzipe“, deren bereits vorher verschiedene in der Physik bekannt waren (FERMATsches Prinzip der Strahlenoptik, MAUPERTUIssches Prinzip der Mechanik), führen das gesamte System der Bewegungsgleichungen bzw. der Bahnkurven-Differentialgleichungen auf eine einzige *invariante* Funktion von der Dimension Energie in kovarianter Weise zurück. Sie gehen also über die kovariante Kennzeichnung von Kraftgesetzen durch $U$ noch einen Schritt hinaus. In der Himmelsmechanik wirkte sich diese neue Sicht der Dinge hauptsächlich durch das „kanonische" Schema aus, in das HAMILTON die Bewegungsgleichungen der Mechanik mittels einer das System ähnlich $L$ vollständig charakterisierenden Funktion $H$ („HAMILTONsche Funktion") gebracht hatte. Zu jedem geometrischen Lageparameter $q$ eines mechanischen Systems mit vorgelegter LAGRANGE-Funktion $L = L(q_1, \ldots q_k \ldots; \dot{q}_1 \ldots \dot{q}_k \ldots ; t)$ läßt sich ein „kanonisch konjugierter Impuls", eine dynamische Variable gemäß

$$p_k = \frac{\partial L}{\partial \dot{q}_k}$$

zuordnen. Dann kann man die HAMILTONsche Funktion

$$H = \sum_k \frac{\partial L}{\partial \dot{q}_k} \dot{q}_k - L = H(p_1 \ldots p_k \ldots ; q_1 \ldots q_k \ldots ; t)$$

durch die $q$ und $p$ (statt durch die $q$ und $\dot{q}$) ausdrücken, und an Stelle der LAGRANGEschen Gleichungen 2. Art und der Definitionsgleichungen der $p$ treten die HAMILTONschen kanonischen, durch eine eigentümliche Symmetrie ausgezeichneten Bewegungsgleichungen

$$\dot{p}_k = -\frac{\partial H}{\partial q_k} + \Phi_k \qquad \dot{q} = \frac{\partial H}{\partial p_k}$$

($\Phi_k$ Kraftkomponenten, die nicht aus $L$ ableitbar sind).

Zu diesem Formalismus gehört der Begriff der „kanonischen Transformation", d. h. einer Transformation, die die $q$ und $p$ in neue, und zwar wiederum kanonisch konjugierte, Variable überführt. Die Probleme der astronomischen Störungstheorie erfahren hiermit zunächst eine weitgehende Systematisierung und schließlich eine neue Möglichkeit der Lösung durch sukzessive Anwendung kanonischer Transformationen, wenn die Störung in eine Reihe von Störthermen $H_i^{(s)}$ der HAMILTON-Funktion von abnehmender Größe entwickelt werden kann ($i = 1,2 \ldots$). Dann ergibt sich eine neue Lösung des Störproblems nach HAMILTON dadurch, daß die Integrationskonstanten der vorhergehenden Näherung durch kanonische Transformation in die $q$ bzw. $p$ für die nächste übergeführt werden und die kanonischen Gleichungen für diese mittels des nächsthöheren Störterms gelöst werden. Im Prinzip hatte LAPLACE diese „Methode der Variation der Konstanten" schon mit Virtuosität gehandhabt; HAMILTON hat sie einem neuen Gesichtspunkt untergeordnet und in ein generelles

Schema gebracht. Sie läuft in der astronomischen Störungstheorie darauf hinaus, daß die konstanten Bahnelemente der ungestörten KEPLER-Bewegung der Planeten um die Sonne bzw. der Monde um die Planeten, als 1. Näherung für die Lösung des Störungsproblems aufgefaßt, durch die Einführung von Attraktionstermen zwischen jeweils zwei Planeten usw. in 2. Näherung zu zeitabhängigen Größen werden. Das bedeutet, daß die geometrischen Konstanten der KEPLER-Ellipsen, nämlich ihre großen Achsen, Exzentrizitäten und Orientierungsparameter, sich langsam („säkular") mit der Zeit ändern. Abbildung 2 möge dies erläutern. In irgendeinem fest in der Sphäre verankerten Koordinatensystem $X, Y, Z$, z. B. dem galaktischen, habe die Bahnebene z. B. eines Planeten die „Schiefe" $\varepsilon$ und das „Azimut des aufsteigenden Knotens" $k$ (Knotenlinie = Schnittlinie der Bahnebene mit der $X$-$Y$-Ebene). Die Bahnellipse selber ist durch ihre große Achse $a$ und ihre numerische Exzentrizität $e$ gekennzeichnet, die Lage der großen Achse in der Bahnebene durch die „Länge des Perihels" $p$. Der Planet selber ist, als formkonstanter Körper aufgefaßt, durch eine „wahre Anomalie" $\alpha$ in seiner Bahn festgelegt hinsichtlich seiner Eigenrotation aber durch die Neigung $\vartheta$ und einen zweiten Orientierungswinkel $\varphi$ seiner Rotationsachse bezüglich seiner Bahnebene sowie durch den Umdrehungswinkel $\tau$ („Stundenwinkel") um diese selbst. Da die HAMILTONsche Funktion des ganzen Planetensystems bei Wegfall gegenseitiger Störungen aus einer Summe von Termen besteht, deren jeder nur eine kinetische Energie und die Gravitationskoppelungsenergie mit dem jeweiligen Zentralkörper enthält, sind in dieser Näherung eine große Anzahl von „Impulsen" zeitlich konstant, ebenso die „Bahnkoordinaten" $a, e, k, p$ und $\varepsilon$ wie die Orientierungswinkel $\vartheta$ und $\varphi$ seiner Achse (in Abb. 2 grün). Zeitabhängig sind nur die wahre Anomalie $\alpha$ und der Stundenwinkel $\tau$ (in Abb. 2 rot). Mit diesen Winkeln sind die Umlaufperiode um das Zentralgestirn und die Periode der Eigenrotation verbunden. Das entkoppelte System besitzt also nur doppelt so viele Fundamentalperioden als Planeten und Monde. Die Einführung von gravitativ bedingten Koppelungen aber macht dann sämtliche weiteren Parameter $\vartheta$, $\varphi$, $a$, $e$, $k$, $p$ und $\varepsilon$ *periodisch*. Damit treten an jedem Körper des Systems 7 neue Grundperioden auf, die aber wegen des Reaktionsprinzips nicht sämtlich unabhängig voneinander sein können. Das ganze System, das — einschließlich der Sonne — aus $N$ Körpern bestehen möge, hat $6\,N$ Freiheitsgrade. Von diesen sind mit Sicherheit drei Schwerpunkt-Koordinaten und drei EULERsche Winkel der Orientierung gegen die Sphäre in beliebig hoher Näherung zeitlich konstant, da $H$ auch bei Berücksichtigung wechselseitiger Störung nicht von ihnen abhängen kann. Damit könnten im Höchstfalle 6 $(N - 1)$ Perioden am Planetensystem auftreten. (Die Differenz zu 7 $(N - 1)$ erklärt sich durch das Bestehenbleiben von Symmetrien, die durch gravitative Wechselwirkung nicht aufgehoben werden.) Diese Abzählung zeigt, daß bei hinreichend schwacher gravitativer Koppelung der Planeten und Monde miteinander deren geozentrische Koordinaten daher höchstens nur 6 $(N - 1)$ Grundperioden aufweisen können. Damit wird nun verständlich, daß das apollonisch-ptolemäische Konzept der Deferenten und Epizykeln eine so verhältnismäßig weitgehende Näherung bedeutet hatte, deren optimal erreichbare Güte offenkundig mit der von Laplace nachgewiesenen Stabilität des ganzen Systems und dessen vielfach periodischem Charakter eng zusammenhängt.

Was nun die potentielle Energie $U$ der Gravitation anlangt, die sich für ein gravitationsmäßig abgeschlossenes Massensystem in die Form

$$U = \frac{1}{2} \int \mathrm{d}\tau \mu V$$

($V$ das Gravitationspotential, $\mu$ die Massendichte)

bringen läßt, so enthüllten die von Green gefundenen und nach ihm benannten Formeln der Potentialtheorie [17] eine sonderbare Problematik. Wendet man sie nämlich auf die sogenannte Poissonsche Differentialgleichung für $V$ im materieerfüllten Raume

$$\Delta V = 4\pi f \mu$$

($f = 6{,}67 \cdot 10^{-11}\ \mathrm{m}^3\ \mathrm{kg}^{-1}\ \mathrm{s}^{-2}$ die Newtonsche Gravitationskonstante) an, so zeigt sich, daß für die potentielle Energie $U$ keineswegs eine wohlbestimmte räumliche Verteilung innerhalb des Massensystems angebbar ist, wie es nach der vorstehenden Formel scheint. Nach ihr ist die Energie dort konzentriert, wo sich Masse befindet. Bezeichnet man mit $\boldsymbol{g} = -\,\mathbf{grad}\ V$ die Gravitationsbeschleunigung, so ergibt sich nach Green die völlig gleichwertige Darstellung

$$U = -\frac{1}{8\pi f} \int \mathrm{d}\tau |\boldsymbol{g}|^2$$

also eine Verteilung, bei der nicht die Massendichte, sondern das Quadrat der Gravitationsbeschleunigung die Energiedichte angibt. In der Theorie des Elektromagnetismus tritt ein ähnlicher Dualismus der Auffassung auf, nur entschied hier die Entdeckung am Ende des vorigen Jahrhunderts, daß Energietransport durch elektromagnetische Wellen möglich ist, eindeutig zugunsten der zweiten Möglichkeit. Für die Gravitation dagegen ist ein

Energietransport durch „Gravitationsstrahlung" bis heute nicht nachzuweisen gewesen, und aus diesem Grunde bleibt es zweifelhaft, ob Energie in Verbindung mit Gravitation überhaupt denjenigen physikalischen Sinn hat, wie er der NEWTONschen Mechanik und auch der Anschauung zu entsprechen scheint. Wir kommen unten nochmals auf diesen Punkt zurück. Alle diese Gedanken des 19. Jahrhunderts sind aber bereits Vorbereitung und Überleitung zur nächsten und jüngsten Phase der Geschichte des Gravitationsproblems, nämlich zu der durch eine neue, *undynamische* Auffassung des Phänomens durch EINSTEIN 1915 [11] eröffneten, in der wir uns gegenwärtig befinden. Wir nennen sie deshalb hier die „einsteinsche".

## 6. Die einsteinsche Phase

Diese neue Auffassung wurde durch die Aufstellung der speziellen Relativitätstheorie 1905 durch EINSTEIN erzwungen, die bekanntlich, obgleich sie nur auf die Erfüllung des speziellen Relativitätsprinzips durch die Grundgleichungen der Optik und Elektrodynamik abgezielt hatte, eine tiefgreifende Korrektur der klassischen physikalischen Raum-Zeit-Theorie, der Kinematik, zur Folge hatte [10]. In dieser Korrektur enthüllt die Vakuum-Lichtgeschwindigkeit $c$ ihre eigentümliche Rolle einer absoluten, d. h. vom Bezugssystem unabhängigen Grenzgeschwindigkeit für die Ausbreitung jeglicher physikalischen Einwirkung und für den Transport jeglicher Energie.[1]) Die spezielle Theorie ist jedoch ausdrücklich auf *inertiale*, sich geradlinig-gleichförmig gegeneinander bewegende, gravitations- und trägheitsfreie Bezugssysteme eingeschränkt. Da jedoch Trägheits- und Gravitationskräfte wegen der merkwürdigen Gleichheit von träger und schwerer Masse im NEWTONschen Konzept gleichermaßen auf reine Beschleunigungsfelder reduziert werden können, erschien es EINSTEIN möglich, in einem auf beschleunigte Systeme ausgedehnten „Allgemeinen Relativitätsprinzip" zusammen mit den Trägheitsfeldern die Gravitation zu erfassen, die damit a priori als eine rein *kinematische* — nicht mehr dynamische — Naturerscheinung angesprochen wird [13, 14]. Dieser Versuch, der erstmals in der Physik wieder über NEWTON hinausging,[2]) war zweifellos durch die Kritik von MACH an der NEWTONschen Mechanik und

[1]) Das letztere wird gelegentlich bezweifelt, ist aber zumindest heuristisch von großer Bedeutung gewesen.

[2]) Allerdings hatte bereits HEINRICH HORTZ um 1890 versucht, Kräfte überhaupt aus der Mechanik zu eliminieren. Doch erwies sich dieser Versuch zunächst als zu weitgespannt.

durch dessen physikalischen Positivismus inspiriert [31], aber auch durch die Präzisionsvergleiche von träger und schwerer Masse beflügelt worden, die v. Eötvös 1909 abgeschlossen hatte [15].

Damit näherte sich die Auffassung des Gravitationsproblems in eigentümlicher Weise und gewissermaßen auf einer höheren Ebene wieder der vor-newtonschen, kopernikanisch-ptolemäischen. An die Stelle der apollonischen Doktrin allerdings mußte nun ein anderes Prinzip treten, das gewissermaßen das Wirken der bisher als Kraft vorgestellten Gravitation ersetzt. In gewissem Sinne hatte schon die Newtonsche Mechanik die Frage nach den Bewegungsgesetzen der Masse in beliebig bewegten Bezugssystemen gelöst und ein „allgemeines Relativitätsprinzip" für diesen Fall angegeben, in welchem außer der Gravitationsbeschleunigung per Massenanziehung nur noch die (relative) Rotationsgeschwindigkeit der Fixsternsphäre eine Rolle spielt[1]). Diese klassische Gravitations-Trägheitskräfte-Theorie beruht aber auf klassischer Kinematik, d. h. auf der strengen Trennung eines euklidischen Raumes von einer „absoluten" Zeit, und besitzt damit keine Kontingenz mit der speziellen Relativitätstheorie, die diese Trennung gerade als physikalisch nicht praktikabel aufhebt. Jene kann mithin nur in Räumen von beschränkter Ausdehnung und bei hinreichend niedrigen Rotationsgeschwindigkeiten genähert richtig sein. Die Schwierigkeit für Einstein bestand also, nachdem die spezielle Relativitätstheorie sich überall, wo man sie damals prüfen konnte, als richtig erwies, darin, dem Gravitationsproblem eine Fassung zu geben, in der diese Kontingenz hergestellt ist.

Hier kam Einstein das *Hamiltonsche Prinzip* zustatten, dessen Gültigkeit im Laufe des 19. Jahrhunderts auch außerhalb der Mechanik, zuletzt auch in der Elektrodynamik [37], erkannt worden war und das sich in der vorangegangenen „hamiltonschen" Phase, rückblickend gesehen, als der eigentliche Bahnbrecher für die „zweite kopernikanische Wende", ausgelöst durch Einstein, erweist [12].

Die einzige Möglichkeit nämlich, den beiden Forderungen:

1. Gültigkeit der speziellen Theorie in jedem frei fallenden Raumschiff,
2. Anschluß an das Hamiltonsche Prinzip der klassischen Mechanik im Grenzfalle $v \ll c_0$ ($v$ die Geschwindigkeit einer kleinen Masse, z. B. im

---

[1]) Zur historischen Vorbereitung der „allgemeinen Relativitätstheorie" durch Weber, Riemann, C. Neumann, H. Hertz, Mach, Poincaré und Lorentz siehe H.-J. Treder, „Die Relativität der Trägheit". Akademie-Verlag Berlin 1972.

relativistischen Inertialsystem des Raumschiffes, $c_0$ die Vakuum-Lichtgeschwindigkeit im gravitationsfreien Raum)
zu genügen, ist die folgende:

1. Die Vakuumlichtgeschwindigkeit $c_0$ in einem freifallenden Raumschiff ist nach allen Richtungen hin *gleich*, weicht aber, sobald, aus welchen Ursachen auch immer, ein Gravitationsfeld mit dem Potentialwert $V$ ($< 0$) auftritt, um den Faktor $\sqrt{1 + 2\frac{V}{c_0^2}}$ vom gravitationsfreien Raum (im klassischen Sinn) ab. Man kann diesen Effekt auch als Nachgehen einer Uhr, z. B. einer Atomuhr, im Gravitationsfeld auffassen.
2. Die Form des HAMILTONschen Prinzips der klassischen NEWTONschen Gravitationstheorie

$$W = \int_{t_1}^{t_2} dt\left(\frac{v^2}{2} - V\right) \qquad \text{stationär} \qquad (\delta W = 0)$$

gilt nur genähert für $|V| \ll c_0^2$. Die exakte, stetig anschließende Form lautet für — gegenüber der Fixsternsphäre — rotationsfreie Bezugssysteme

$$\delta \int_{t_1}^{t_2} dt \sqrt{\left(1 + 2\frac{V}{c_0^2}\right) c_0^2 - v^2} = 0$$

oder

$$\delta \int_{(P_1,t_1)}^{(P_2,t_2)} \sqrt{\left(1 + 2\frac{V}{c_0^2}\right) c_0^2 dt^2 - d\sigma^2} = 0$$

Hierbei ist $d\sigma$ das in atomaren Einheiten gemessene Wegdifferential im Raum, und der (stets positive) Radikand ist per Definition invariant gegenüber beliebigen Transformationen der Raumkoordinaten samt den Zeitkoordinaten (Topologische Invariante).

Damit ist sowohl die örtliche Gültigkeit der speziellen Theorie wie auch der Anschluß an die NEWTONsche Mechanik für hinreichend kleine Geschwindigkeiten $v$ einer (hinreichend kleinen) Masse gesichert. Transformationen auf andere, nicht freifallende bzw. rotierende (lokale) Bezugssysteme führen stets auf die Form

$$\delta \int_{(P_1,t_1)}^{(P_2,t_2)} \sqrt{g_{\mu\nu} dx^\mu dx^\nu} = 0 \qquad \text{mit} \qquad g_{\mu\nu} = g_{\nu\mu}\ (\mu,\nu = 0,1,2,3)$$

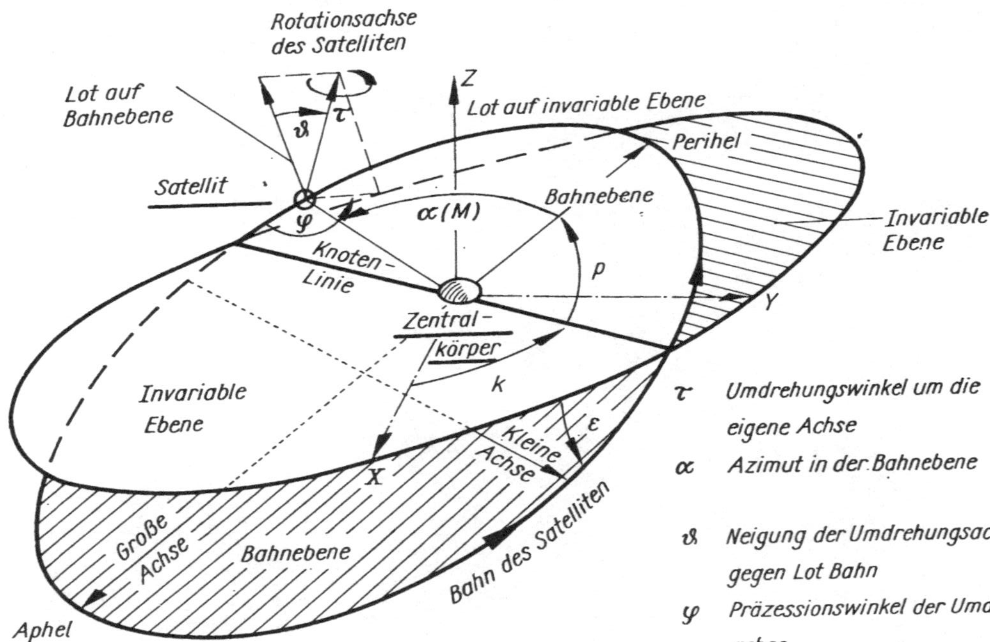


Abbildung 2

| | |
|---|---|
| $\tau$ | Umdrehungswinkel um die eigene Achse |
| $\alpha$ | Azimut in der Bahnebene |
| $\vartheta$ | Neigung der Umdrehungsachse gegen Lot Bahn |
| $\varphi$ | Präzessionswinkel der Umdrehungs-achse |
| $\rho$ | „Länge des Perihels" |
| $k$ | „Länge des Knotens" |
| $\varepsilon$ | „Schiefe der Bahnebene" |

wobei die 10 Größen $g_{\mu\nu}$ die Bedeutung von Komponenten des metrischen Fundamentaltensors des Raum-Zeit-Kontinuums erhalten. Diese Raum-Zeit, ein ins Vierdimensionale um die (geometrisierte) Zeit erweiterter Raum, ist im Sinne der Differentialgeometrie also ein „RIEMANNscher" Raum von der Signatur (1, −1, −1, −1). Die Bahnkurve ergibt sich damit als geodätische Linie, d. h. kürzeste Verbindung zwischen den Ereignissen: „Körper startet zur Zeit $t_1$ in Raumpunkt $P_1$" und „Körper erreicht zur Zeit $t_2 > t_1$ den Raumpunkt $P_2$". Die Bewegungsgleichungen, die hiernach die NEWTONschen ersetzen, sind die EULER-LAGRANGEschen dieses Extremalproblems, das nun einen rein *geometrischen* Charakter erhält. Die Auswertung der Unterbringung des Gravitationspotentials $V$ im metrischen Fundamentaltensor bedeutet aber, daß das Raum-Zeit-Kontinuum nun eine *nichteuklidische* Maßbestimmung aufgeprägt erhält. Das besagt, daß in der Nähe gravitierender Massen der Raum für sich bereits „Krümmung" zeigt, die sich u. a. darin äußert, daß die Winkelsumme eines Dreiecks, dessen Seiten durch geodätische Linien gebildet werden, von 180° abweicht. Die Ortsabhängigkeit von $c$ aber bewirkt, daß auch das Licht im Schwerefeld mit der gleichen Beschleunigung *fällt* wie die eigentlich materiellen Körper, was übrigens schon LAPLACE geäußert hat.

Mit dieser auf EINSTEIN zurückgehenden Auffassung der Gravitation ist die Dynamik wieder auf Kinematik zurückgeführt und das HAMILTONsche Prinzip geometrisiert. Von der kinematischen Astronomie des Planetensystems nach PTOLEMÄUS wie auch nach COPERNICUS — vor KEPLER und NEWTON — unterscheidet sich diejenige nach EINSTEINscher Gravitationstheorie aber wesentlich dadurch, daß die physikalisch nicht begründbare apollonische Doktrin durch das physikalisch sehr gut fundierte Extremalprinzip der kürzesten Weltlinie (Bahn im Raum-Zeit-Kontinuum), das HAMILTONsche Prinzip in geometrischer Fassung, ersetzt wird. Hier liegt die Nahtstelle zwischen EINSTEINS Gravitationstheorie und NEWTONscher Mechanik, an der das Gravitationsgesetz zum ersten Mal eingearbeitet wird. Nach dieser Auffassung bewegt sich jede Masse im Gravitationsfeld wie auch in einem gravitationsfreien Trägheitsfeld (Coriolis- und Zentrifugalkraft) nach dem galileischen Trägheitsprinzip, denn „Kräfte" dieser Art (im newtonschen Sinn) gibt es, abgesehen von sogenannten „Führungskräften", in einer geometrisierten Kinematik oder „Geometrodynamik" [42] nicht mehr. Zwischen Gravitations- und Trägheitskräften im newtonschen Sinn, ohnehin praktisch nicht unterscheidbar, wird nach EINSTEIN nun auch theoretisch nicht mehr unterschieden. Es ist eine Frage der Bewegung des (örtlichen) Bezugssystems, als welche der beiden Arten eine reale, darin feststellbare Beschleunigung anzusprechen ist. Ist das Bezugssystem z. B. die feste Erde, so wird man die Beschleunigung als (vorwiegend) gravitationsbedingt ansehen. Ist es dagegen eine relativ zur mittleren Massenverteilung der Fixsternwelt beschleunigte Rakete, die sich sehr weit von gravitierenden Massen entfernt befindet, so wird man die Beschleunigung als Trägheitswirkung eines darin frei beweglichen Probekörpers ansprechen. Nach einsteinscher — astronomisch bestätigter — Auffassung kann man auch mit optischen Versuchen nicht zwischen diesen beiden Interpretationsmöglichkeiten unterscheiden.

Der Nachweis des Postulates 1 vor allem durch optische Kontrollversuche dürfte im Zuge der technischen Weiterentwicklung der *Astronautik* entscheidend sein. In einem schwerefrei im Raum schwebenden Raumfahrzeug müßte z. B. der MICHELSON-Versuch völlige Isotropie der Lichtausbreitung ergeben, die Messung der Lichtgeschwindigkeit aber mittels atomarer Etalons mußte stets die Vakuum-Lichtgeschwindigkeit ergeben.

Mit der geschilderten Geometrisierung des HAMILTONschen Prinzips scheint zunächst der prinzipielle Unterschied zwischen geozentrischem und heliozentrischem Standpunkt wieder aufgehoben; denn für die Lösung eines Extremwertproblems können die verwendeten Koordinaten, nach einsteinscher Auffassung also das herangezogene Bezugssystem, keine Rolle spielen. Hierbei würde jedoch übersehen werden, daß sich mit den Bewegungsgleichungen für die Massen weder die NEWTON-LAPLACEsche noch die EINSTEINsche Gravitationstheorie erschöpft. Das Kernstück beider Theorien ist vielmehr die Verknüpfung der *Quellen* des Gravitationsfeldes mit dessen *Feldgrößen*. Nach NEWTON geschieht dies mittels der LAPLACEschen Operation über die POISSONsche Differentialgleichung

$$\Delta V = 4\pi f \mu ,$$

nach EINSTEIN in topologisch kovarianter Weise durch eine entsprechende Verknüpfung eines aus dem $g_{\mu\nu}$-Tensor allein ableitbaren Tensors, des EINSTEIN-Tensors

$$E_{ik} = R_{ik} - \frac{1}{2} R g_{ik} \qquad (i, k = 0,1,2,3)$$

mit dem sogenannten „metrischen" totalen Impuls-Energie-Tensor der Materie $T_{ik}$ („Materietensor"). Das ergibt die berühmten EINSTEINschen Feldgleichungen der Gravitation

$$R_{ik} - \frac{1}{2} R g_{ik} + \frac{8\pi f}{c_0^4} T_{ik} = 0 ,$$

die in beliebigen Koordinaten gelten und für statische und sehr schwache Gravitation in die POISSONsche Differentialgleichung übergehen. Nach diesen Gleichungen ist jede Art von „Materie“ in einem sehr allgemeinen Sinn, wie ponderable Masse, elektromagnetisches Feld, Photonen- und Partikelstrahlung jeglicher Art, elastische und chemische Energie usw., Quelle von Gravitation. Für diese ist stets eine *Krümmung* des Raum-Zeit-Kontinuums, d. h. eine Abweichung von euklidischer Metrik, charakteristisch. Die zehn Tensorkomponenten $g_{\mu\nu}$ spielen dabei eine Rolle von verallgemeinerten Gravitationspotentialen. In sehr schwachen Gravitationsfeldern $|V| \ll c_0^2$ ist die der Zeitkoordinate doppelt zugeordnete Komponente $g_{00}$ durch das NEWTONsche Gravitationspotential $V$ allein bestimmt, und für $V$ resultiert in „nullter Näherung“ die POISSONsche Differentialgleichung.

Für die Auffindung der EINSTEINschen Feldgleichungen spielte nun das HAMILTONsche Prinzip eine entscheidende heuristische Rolle [11, 12]. Eine fundamentale topologische Invariante eines RIEMANNschen Raumes ist z. B. sein *Krümmungsskalar* $R$. (Bei einer Fläche ist dieses die sogenannte „GAUSSsche Krümmung“.) Deshalb kann $R$, mit einem geeigneten Faktor versehen, die Rolle der LAGRANGE-Dichte für das $g_{\mu\nu}$-Feld übernehmen[1]). Das HAMILTONsche Prinzip für das Gravitations- oder metrische Feld der $g_{\mu\nu}$ lautet danach

$$W = \int_B (\mathrm{d}x)^4 \sqrt{-g}\left(\frac{c_0^4}{8\pi f} R + L_{\mathrm{Mat}}\right) \qquad \text{stationär} \qquad (g = \det(g_{\mu\nu}))$$

mit der Zusatzbedingung, daß die zehn $g_{\mu\nu}$ im Inneren eines „Welt“-Bereiches $B$ bei konstant gehaltenen Werten auf dem Rande variiert werden sollen. $L_{\mathrm{Mat}}$ bedeutet die auf die Volumeneinheit des Raumes bezogene LAGRANGEsche Funktion, die LAGRANGE-Dichte der gesamten Materie. Sie muß wie $R$ als topologische Invariante aufgestellt werden, sich also bei beliebigen Transformationen der vier Weltkoordinaten $x^0$, $x^1$, $x^2$, $x^3$ (hiervon $x_0$ die Zeitkoordinate in einem beliebigen Zeitmaß) in Form und Betrag reproduzieren.

Um die Bewegung der Planeten z. B. nach EINSTEINscher Gravitationstheorie behandeln zu können, ist es also in erster Linie nötig, die $g_{\mu\nu}$ aus den EINSTEINschen Feldgleichungen zu bestimmen. Wenn auch das hier-

---

[1]) Eine LAGRANGE-Dichte ist nicht eindeutig. LAGRANGE-Dichten, die sich nur durch sogenannte Divergenzausdrücke voneinander unterscheiden, sind gleichwertig. Aus gewissen Gründen werden nach dem Vorgang von EINSTEIN [11] andere Invarianten anstelle von $R$ bevorzugt [35].

für gewählte Koordinatensystem willkürlich bleibt, ist es doch praktisch von größter Bedeutung, ob diese Aufgabe in einem heliozentrischen oder geozentrischen Bezugssystem gelöst werden soll. Die beiden Standpunkte unterscheiden sich hauptsächlich hinsichtlich des Verhaltens der $g_{\mu\nu}$ *im Unendlichen*. In irgendeiner Weise muß nämlich der „kosmische" Hintergrund, der bei NEWTON die bevorzugte Klasse der astronomischen Inertialsysteme mitbestimmt, auch bei EINSTEIN in angemessener Weise berücksichtigt werden. Nur ist hier die korrekte Berücksichtigung ungleich schwerer, weil das Unendliche gewissermaßen Träger von Materie ist. Der Materietensor $T_{ik}$ verschwindet also im Mittel nicht, wenn der Kosmos unendlich ist. Ist er aber endlich, so fällt wegen seiner Unbegrenztheit ein „Rand" überhaupt weg. In dieser Sicht ist es schwer zu sagen, was z.B. eine kugelsymmetrische Lösung der Feldgleichungen mit der Bedingung $R \to 0$ für unbegrenzt wachsenden Abstand $r$ von der Zentralmasse physikalisch-astronomisch eigentlich bedeutet. Nach ihr geht die Metrik asymptotisch in die euklidische über. Die fernen Massen des Kosmos, ohne die Richtungsangaben überhaupt nicht möglich und Polarwinkel sinnlos wären, treten aber in Randbedingungen nicht auf. (Es gilt also $T_{ik} \to 0$ mit $r \to \infty$.) Dennoch schließt diese Lösung an die NEWTONsche stetig an und gestattet, kleine relativistische Korrekturen wie die Periheldrehung der Planetenbahnen und die Krümmung der Lichtstrahlen durch die Gravitation der Zentralmasse, in Übereinstimmung mit der Erfahrung zu bestimmen. Sie ist a priori *heliozentrisch* angesetzt. Bei geozentrischen Ansätzen dagegen treten fundamentale Schwierigkeiten auf, besonders infolge der Rotation des „kosmischen Hintergrundes" relativ zur Erde. Ihre Umdrehung bedeutet nämlich, daß der Materietensor $T_{ik}$ unbeschränkt mit dem Abstand wachsen müßte. Lösungen, die an der Existenz eines astronomischen Inertialsystems anknüpfen, zeigen, daß dann das geozentrische Bezugssystem die unendlich ferne massebesetzte Fixsternsphäre überhaupt nicht mehr enthält, womit deren Berücksichtigung durch Randbedingungen ausgeschlossen wird. Es scheint mithin nach EINSTEINscher Gravitationstheorie eine Bestimmung der metrischen Struktur des interplanetaren Raumes nur von heliozentrischem Standpunkt aus überhaupt durchführbar zu sein, wobei auch hier noch Fragen offen bleiben. Sie alle stehen im engsten Zusammenhang mit dem sogenannten „MACHschen Prinzip" [30], wonach alle Trägheitserscheinungen in der NEWTONschen Mechanik in Wahrheit auf Wechselwirkungen mit den fernen Massen des Kosmos beruhen, bzw. mit der sogenannten „MACH-EINSTEIN-Doktrin" [39] und mit dem Problem des *endlichen, unbegrenzten*, in sich *geschlossenen Kosmos*. Seine Möglichkeit ist bereits von EINSTEIN 1917 als Konsequenz seiner Feldgleichungen bemerkt worden. Jedenfalls hat auch nach EINSTEINscher Gravitationstheorie die kopernikanische „Mitte der Welt" eine objektive und genau angebbare Bedeutung. Sie ist das Gebiet maximaler Krümmung der Raum-Zeit, verursacht durch die Masse der Sonne. In welchen Koordinaten wir auch Massenbewegungen um diese herum — oder selbst in ihr — verfolgen wollen, die Krümmung ist in allen lokalen Bezugssystemen gleichen Ortes die gleiche Invariante. Heliozentrismus bedeutet also in der Sicht der EINSTEINschen Gravitationstheorie, daß der Krümmungsskalar $R$ in sehr großer Annäherung eine zeitlich konstante, kugelsymmetrische Verteilung um die Sonne als Zentrum zeigt und die umlaufende Materie der Planeten und Monde nur eine schwache, zeitlich wechselnde Modifikation hervorruft. Denn auch in dieser Auffassung bestimmt die Sonne durch das Übergewicht ihrer Masse die Grobstruktur des metrischen Feldes $g_{\mu\nu}$ der Raum-Zeit nahezu völlig allein.

Die nachgewiesenen bzw. nachweisbaren Abweichungen nun von den Aussagen der LAPLACEschen Himmelsmechanik betreffen — leider — nur äußerst schwache Effekte. Sie bestehen bis zum heutigen Tage

1. in der *Ablenkung des Lichtes* beim Vorbeigehen an der Sonne um 1.75″,
2. in einem Zusatzterm zur säkularen *Drehung des Perihels* des Planeten Merkur (als sonnennächstem) von 43″ pro Jahrhundert,
3. in einer *Rotverschiebung* aller Spektrallinien durch Gravitationsfelder, bei der Sonnenoberfläche um den Faktor $2{,}12 \cdot 10^{-6}$ neben atomphysikalischen Störwirkungen, die weit größer sind. Sie ist aber gleichbedeutend mit dem sogenannten „MÖSSBAUER-Effekt", der terrestrisch-physikalisch gut bestätigt ist.

Bedeutete die EINSTEINsche Gravitationstheorie also für das Planetensystem und die NEWTON-LAPLACEsche Himmelsmechanik nur winzige Korrekturen, so eröffnete sie für die Kosmologie und Kosmogonie umso gewaltigere und phantastischere Perspektiven. Die von KANT aufgegriffenen Problemstellungen bekamen in der einsteinschen Phase, und zwar durch EINSTEIN selbst, plötzlich wieder einen ungeahnten Auftrieb. Der Grund besteht hauptsächlich darin, daß eine nichteuklidische Metrik des Raumes für sich allein oder eine solche der Raum-Zeit völlig neuartige gravitative (d. h. andere physikalische Wirkungen nicht berücksichtigende) Modelle des Kosmos zuläßt, nämlich in sich *geschlossene* (mit endlichem Materieinhalt) (EINSTEIN [14]) und *zeitlich veränderliche* [9]. Das Problem der *Stabilität des Kosmos* taucht auf (EDDINGTON [9]). Die Frage nach der endlichen Ausbreitungsgeschwindigkeit der Gravitation und damit nach der Möglichkeit der Gravitationsstrahlung stellt sich. Die Durchführbarkeit des MACHschen Prinzips tritt in ihr eigentliches Diskussionsstadium ein [7, 20]. Die EINSTEINschen Feldgleichungen der Gravitation zeigen, daß im geschlossenen Kosmos die Erhaltungssätze für Energie und Impuls und damit für die Materie in gewissem Sinne in Frage gestellt sind [35, 38][1]). Der durch den HUBBLE-Effekt [21] nahegelegten Vorstellung einer *Expansion* des Kosmos folgt naturgemäß die Frage nach seiner Entstehung und nach einem „Weltalter" auf dem Fuße. Neubildung von Materie, Entstehung von kosmischer Strahlung, Bildung von Sternaggregationen bis zu Galaxien hin, das alte LAPLACEsche Problem der „schwarzen Löcher" und vieles mehr ist in den Bereich der Erfassung durch Modelle gerückt, die alle letzten Endes auf die metrische Auffassung der Gravitation und die Befreiung von der Nebenbedingung der Euklidität zurückgehen. Eine einseitig gerichtete „Geschichte des Kosmos", wie sie schon in KANTS berühmtem, aber vergleichsweise bescheidenem und qualitativ gehaltenem Essay von 1755 anklingt, gewinnt jetzt in quantitativem Sinne Gestalt.

Bei dem Versuch, dabei den riemannschen Charakter der Geometrie im Großen beizubehalten, schien der Übergang zu fünf „Welt"-Dimensionen, d. h. zu einer projektiven Beschreibung des Raum-Zeit-Kontinuums durch homogene Koordinaten, unausweichlich [25]. Hierbei wurde entdeckt [23], daß die Gravitationskonstante $G$, der einzige noch ruhende Pol in dieser Erscheinungen Flucht, als orts- und zeitabhängige Feldgröße im Kosmos deutbar ist. P. JORDAN [22, 23] sprach die Vermutung aus, daß das Altern des Kosmos mit einem *Schwund der Gravitation* verbunden sein könnte, der seinerseits zur Expansion selbst kleiner Himmelskörper wie der Planeten führen müsse [24]. Damit werden auch die Geowissenschaften, deren Zeitbegriff und Zeitmaß eben erst durch die radiologische Altersbestimmung von Gesteinen eine feste Skala erhalten haben, von der Kosmologie erreicht. Eine fast ins Ungemessene gehende Publizistik bezeichnet seit Jahrzehnten die theoretische Fruchtbarkeit, aber auch eine gewisse Uferlosigkeit der durch EINSTEIN eingeleiteten letzten Phase der Entwicklung des Gravitationsproblems. Diese Ufer-

[1]) Genau genommen verlieren die Erhaltungssätze für Energie und Impuls in Gravitations- bzw. Trägheitskräftefeldern ihren physikalisch präzisierten Sinn. Es läßt sich für die Gravitation kein echter Energie-Impuls-Tensor angeben, wie EINSTEIN bereits 1917 bemerkte. Ebensowenig wie in der NEWTONschen läßt sich in der EINSTEINschen Gravitationstheorie eindeutig eine Verteilung von „Gravitationsenergie" angeben. Siehe hierzu H. DEHNEN, Z. f. Phys. **199** (1967) 360–368.

losigkeit einzugrenzen und damit eine gewisse, von Anfang an der EINSTEINschen Gravitationstheorie inhärierende Grundlagenkrise zu bewältigen, ist seit der Mitte der fünfziger Jahre das Bestreben mehrerer Forscher, besonders von V. A. FOCK [16], C. MØLLER [32] und H. J. TREDER [7, 38]. Diese Grundlagenkrise wurzelt wohl in der Undefiniertheit des Koordinatenbegriffs selbst, wie er in der EINSTEINschen Gravitationstheorie üblicherweise verwendet wird.

## III. Kopernikanismus nnd moderne Kosmologie

Fast genau vierhundert Jahre nach COPERNICUS' „Commentariolus" scheint also eine neue „kopernikanische Wende" in den Wissenschaften vom Kosmos angebrochen zu sein, eines Kosmos, in dem die kopernikanische Vorstellung von einer „Mitte der Welt" sich zu einer „Hierarchie der Mitten" erweitert hat. Meteor, Mond, Planet, Fixstern, Sternhaufen, Galaxie bezeichnen in aufsteigender Folge diese Hierarchie. Die letzte umfassendste „Mitte" des Kosmos selbst aber gehört ihm, auch wenn man seine Geschlossenheit und Endlichkeit voraussetzt, wegen seiner nichteuklidischen Raumstruktur nicht mehr an, ebensowenig wie der Mittelpunkt einer Kugel in ihrer Oberfläche liegen kann.

Aber noch in einem anderen, nicht räumlichen, sondern methodologischen Sinn tritt in der letzten Phase noch immer die kopernikanische Mitte in Erscheinung. Es hat nicht an Versuchen gefehlt – EINSTEIN selber hat sich an ihnen beteiligt –, die Geometrisierung der physikalischen Theorie, die offenbar in bezug auf Gravitation und Trägheit ein so großer methodischer und theoretischer Erfolg war, auf andere Naturerscheinungen, auf andere physikalische Felder auszudehnen, z. B. auf das elektromagnetische, dann aber auch auf die Materiewellenfelder der Quantenphysik. Trotz eines bedeutenden mathematischen Aufwandes und der Beteiligung ausgezeichneter Mathematiker und Physiker wie H. WEYL [42], A. S. EDDINGTON [9], T. KALUZA [25], E. SCHRÖDINGER [36] und vieler anderer dürften solche Versuche bis in die neueste Zeit kaum gelungen sein. Die Geometrisierbarkeit scheint auf Gravitation und Trägheit beschränkt zu bleiben. Die NEWTONsche Dynamik ist nur so weit in Kinematik oder, mit anderen Worten, in Differentialgeometrie konvertierbar, als die Gleichheit von träger und schwerer Masse eine Rolle spielt. Dann – und nur dann – fällt nämlich die Masse aus den Bewegungsgleichungen heraus. Bei der Bewegung von Massen in elektromagnetischen Feldern dagegen tritt der trägen Masse die elektrische Ladung gegenüber, und das Entsprechende gilt für die dynamische modellmäßige Interpretation quantenmechanischer Wechselwirkungen. Die Gravitation läßt sich wie jegliche Trägheitsäußerung mit Eigenschaften des Raumes (oder der Raum-Zeit) identifizieren, die entsprechenden Kräfte können also aus der Physik eliminiert werden. Bei elektromagnetischen und anderen Kräften gelingt dieses aber nicht, und es bleiben „Felder im Raum" übrig, die nachweislich Energie und Impuls lokal repräsentieren und transportieren. Der Nachweis einer entsprechenden Gravitationsstrahlung dagegen, die nach EINSTEIN nur eine dahineilende Störung der Metrik darstellen würde, konnte bis heute nicht einwandfrei erbracht werden. Damit hängen zweifellos auch alle Probleme der Quantisierung der Gravitation zusammen, und die Deutung von Rot-Verschiebung und HUBBLE-Effekt würde mit einer solchen Quantenfeldauffassung der Gravitation in eine völlig andere Richtung gelenkt werden. Eine Streuung von Photonen und anderen Teilchen an Gravitationsfeldern würde als möglich erscheinen, ja jede gravische Beeinflussung müßte letzten Endes auf solcher Streuung beruhen. Das müßte zu einem neuen Konzept der Gravitationstheorie führen, das von EINSTEINS Auffassung wieder hinwegführen würde.[1]) Doch besitzt bis jetzt jede Geometrodynamik [43] sozusagen ihre „kopernikanische Mitte" noch immer in der Gravitation als kinematischem Phänomen, und EINSTEINS Konzept ist in einer sehr bezeichnenden Weise dem des APOLLONIUS und PTOLEMÄUS weit ähnlicher als dem der Quantentheorie. Was die heutige Theorie der Gravitation, die in ihren gültigen und unumstrittenen Teilen das Werk EINSTEINS geblieben ist, mit COPERNICUS und der Antike noch immer stärkstens verbindet, sind Ideen der *Geometrie*, wenn auch in einer auf B. RIEMANN und G. RICCI zurückgehenden äußersten analytischen Verfeinerung.

COPERNICUS freilich war der Geometrie der Griechen und der mathematisch-ästhetischen Doktrin des APOLLONIUS verhaftet geblieben. Aber von der genialen Intuition der materiellen Präponderanz der Sonne geleitet, suchte er die „Mitte der Welt" in ihrer Nähe statt bei der Erde. Er meinte, damit das apollonisch-ptolemäische Konzept straffen und vereinfachen zu können, ohne es aufgeben zu brauchen. Ohne schon von der Gravitation eine klare Vorstellung zu haben, orientierte er faktisch mit dem Heliozentrismus die Astronomie bereits auf diese hin. War der ptolemäische Geozentrismus kinematisch-deterministisch, aber im moder-

[1]) Vom empirischen Standpunkte aus wird hiergegen freilich geltend gemacht, daß sehr ferne kosmische Objekte im Gegensatz zur Erfahrung unscharf erscheinen müßten.

nen physikalischen Sinn noch *akausal,* so führte Copernicus in seiner „Weltmitte“ mit seiner Unterscheidung von „wahr“ und „scheinbar“ [7] zumindest ein *kausales* Element im Sinn von Bewährung ein. Er stellte damit einen Wechsel auf die Zukunft aus, der nach 150 Jahren bereits eingelöst wurde. Der kopernikanisch-newtonische Heliozentrismus war dynamisch-deterministisch und bereits kausal im modernen Sinn. Die Gravitationskräfte dienten freilich wegen der Gleichheit von träger und schwerer Masse nur als Metapher; in Wahrheit hatte Newton ein Beschleunigungsfeld-Gesetz für die Gravitation entdeckt. Nichtsdestoweniger war der Ansatz ungemein fruchtbar. Er führte zum Potentialbegriff und über die potentielle Energie zum universellen Wirkungsprinzip der Physik von Hamilton. Dieses wiederum diente Einstein zur Formulierung einer kinematisch-deterministisch-kausalen Gravitationstheorie, in der der Unterschied zwischen Gravitations- und Trägheitskräften auch theoretisch aufgehoben und der Anschluß sowohl an die Newtonsche Gravitationsmechanik wie auch an die spezielle Relativitätstheorie vollzogen wird. Dieses war nur möglich, indem von *nichteuklidischen* Raumstrukturen Gebrauch gemacht und die Zeit gemäß dem Prinzip der (Lorentz-) Invarianz der Vakuumlichtgeschwindigkeit formal als vierte Längenkoordinate eingeführt wurde. In Wahrheit ist also die Einsteinsche Gravitationstheorie, die sogenannte allgemeine Relativitätstheorie, Differentialgeometrie eines nichteuklidischen, vierdimensionalen „Welt“-Kontinuums, in dem kausal bestimmte Vorgänge als *geometrisch determinierte* Beziehungen verstanden werden. Die Kosmologie, die dieses Verständnis der Gravitation eröffnet, führt zu einer „Hierarchie der Mitten“, in der die kopernikanische heliozentrische Weltmitte nur eine der untersten Stufen ist.

Eine merkwürdige, für jenes geistige Zwielicht zwischen Mittelalter und Neuzeit überaus bezeichnende Analogie des kopernikanischen Schrittes mit den Bestrebungen Luthers und Columbus’, der beiden großen Zeitgenossen, fällt auf: Auch Luther glaubte, eine längst fällig gewordene Reform, nämlich die der katholischen Kirche des Mittelalters, der „Una sancta ecclesia“, eingeleitet, ohne diese aber in ihrer Substanz angetastet zu haben, und Columbus schied in der Überzeugung aus dem Leben, die Ostküste Asiens auf dem Seeweg erreicht zu haben. In Wahrheit aber hatte *jeder* der drei großen wagemutigen Initiatoren der Neuzeit, ohne es gewußt, geschweige denn gewollt zu haben, jeweils auf seiner Ebene einen *neuen Kontinent* betreten und damit ein neues Äon der Menschheitsgeschichte eingeleitet.

# LITERATUR


[1] Nicolaus Copernicus 1473–1973. Studien zum Copernicus-Jahr 1973. Herausgegeben im Auftrag des Copernicus-Komitees der Akademie der Wissenschaften der DDR von JOACHIM HERRMANN. Kopernikanische Revolution in den gesellschaftlichen und geistigen Auseinandersetzungen. Akademie-Verlag Berlin 1973.

[2] BESSEL, F. W.,Messung der Entfernung des Sternes 61 im Sternbild des Schwans. Astron. Nachr. **16** (1839) 65 – Astronom. Beob. a. d. Königl. Sternwarte Königsberg 1815–1844, Teil XVII, 1840.

[3] BRADLEY, J., An account of a new discovered motion of the fixed stars. Phil. Trans. 1727–28.

[4] CAVENDISH, H., Experiments to determine the density of the earth. 1797.

[5] NICOLAI COPERNICI de hypothesibus motuum Colestium a se constitutis commentariolus. Abgefaßt zwischen 1502 und 1514 [43].

[6] COPERNICUS, N., De revolutionibus orbium coelestium libri sex. Mit einem Vorwort von A. Osiander. Erstmals gedruckt bei Petrejus, Nürnberg 1543. Zahlreiche Neuauflagen, besonders seit dem 19. Jahrhundert.

[7] Einstein-Symposium „Entstehung, Entwicklung und Perspektiven der Einstein'schen Gravitationstheorie“ vom 2.–5. November 1966 in Berlin. Herausgegeben im Auftrage der Einstein-Kommission beim Präsidium der Deutschen Akademie der Wissenschaften zu Berlin von H.-J. TREDER. Akademie-Verlag Berlin 1966.

[8] DOBRZYCKI, J., – BISKUP, M., Nicolaus Copernicus. Gelehrter und Staatsbürger. Deutsch von Krystyna Oscilowska BSB. B. G. Teubners Verlagsgesellschaft 1973.

[9] EDDINGTON, A. S., Relativitätstheorie in mathematischer Behandlung. Springer-Verlag Berlin 1925.

[10] EINSTEIN, A., Zur Elektrodynamik bewegter Körper. Ann d. Phys. 17 (1905) 891–921.

[11] EINSTEIN, A., Die Grundlage der allgemeinen Relativitätstheorie. Ann. Phys. **49** (1916) 769–822. Als Broschüre erschienen beim Verlag von Johann Ambrosius Barth, Leipzig 1916.

[12] EINSTEIN, A., Hamiltonsches Prinzip und allgemeine Relativitätstheorie. Sitz. Preuß. Akad. Wiss. 1916, 2. Teil, S. 1111–1116.

[13] EINSTEIN, A., Über die spezielle und die allgemeine Relativitätstheorie. Friedrich Vieweg & Sohn, Braunschweig 1917. Als 21. Auflage in Wissenschaftliche Taschenbücher, Bd. 59, neu erschienen bei Akademie-Verlag Berlin, Pergamon-Press Oxford, Vieweg & Sohn, Braunschweig 1970.

[14] EINSTEIN, A., The meaning of Relativity. Princeton University Press 1953.

[15] v. EÖTVÖS, R., PEKÁŘ, D., FEKETE, E., Beiträge zum Gesetz der Proportionalität von Trägheit und Gravität. Ann. Phys. 4, 68 (1922) 11–66.

[16] FOCK, V. A., Theorie von Raum, Zeit und Gravitation. Akademie-Verlag Berlin 1960.

[17] GREEN, G., Essay on the application of mathematical analysis on the theories of electricity and magnetism. Nottingham 1828.

[18] HAMILTON, W. R., On a General Method in Dynamics, by which the Study of all Free Systems of Attracting or Repelling Points is Reduced to the Search and Differentiation of one Central Relation. Phil. Trans. London 1834, S. 247–308. Second Essay on a General Method in Dynamics. Phil. Trans. London 1835, S. 95–144.

[19] HERSCHEL, W., Über den Bau des Himmels. 1791. Deutsche Ausgabe, bearbeitet von J. F. Gensichen.

[20] HÖNL, H. und DEHNEN, H., Allgemein-relativische Dynamik und Mach'sches Prinzip. Z. f. Phys. **191** (1966) 313–328.

[21] HUBBLE, E., Das Reich der Nebel. Vieweg & Sohn, Braunschweig 1938.

[22] JORDAN, P., Erweiterung der projektiven Relativitätstheorie Ann. d. Phys. 6, 1 (1949) 219–228.

[23] JORDAN, P., Relativistische Gravitationstheorie mit variabler Gravitationskonstante. Die Naturwissenschaften 39 (1946) 250–251.

[24] JORDAN, P., Schwerkraft und Weltall. Vieweg & Sohn, Braunschweig 1955.

[25] KALUZA, T., Zum Unitätsproblem der Physik. Sitzungsber. d. Preuß. Akad. d. Wiss. Jahrgang 1921, 2. Halbband Juli–Dezember, S. 966 bis 972.

[26] KANT, J., Allgemeine Naturgeschichte und Theorie des Himmels oder Versuch von der Verfassung und dem mechanischen Ursprung des ganzen Weltgebäudes nach Newtonschen Grundsätzen abgehandelt. Anonym in Druck gegeben 1755, aber erst 1763 bzw. 1791 im Zusammenhang mit anderen Schriften veröffentlicht. Neu herausgegeben und mit einer Einleitung versehen von GEORG KLAUS. Aufbau-Verlag Berlin 1955.

[27] KEPLER, J., Neue Astronomie. Übersetzt und eingeleitet von MAX CASPAR. Oldenbourg München-Berlin 1929.

[28] Lagrange, J. L., Mécanique analytique. Desaint, Paris 1788.

[29] de Laplace, P. S., Traité de mécanique céleste. De l'imprimerie Crapolet, chez J. P. M. Duprat, Paris 1798–1825.

[30] de Laplace, P. S., Exposition du système du monde. Paris 1796.

[31] Mach, E., Die Mechanik in ihrer Entwicklung historisch und kritisch dargestellt. Leipzig 1883.

[32] Møller, C., The Theory of Relativity. At the Clarendon Press Oxford 1955.

[33] Newton, J., Philosophiae naturalis principia mathematica. London 1687.

[34] Ptolemaios von Alexandria, Almagest. Des Claudius Ptolemäus Handbuch der Astronomie. Aus dem Griechischen übersetzt und mit erklärenden Anmerkungen versehen von K. Manitius. B. G. Teubner Leipzig, Bd. I 1912; Bd. II 1913.

[35] Schmutzer, E., Relativistische Physik, Kap. V., B. G. Teubner Verlagsgesellschaft, Leipzig 1968.

[36] Schrödinger, E., Space-Time Structure. University Press Cambridge 1954.

[37] Schwarzschild, K., Zur Elektrodynamik I. Zwei Formen des Prinzips der kleinsten Aktion der Elektronentheorie. Nachr. d. Königl. Ges. d. Wiss. zu Göttingen. Geschäftl. Mitt. 1903, Math.-Phys. Kl., S. 116–131.

[38] Treder, H.-J., Relativität und Kosmos. Wissenschaftliche Taschenbücher WTB Mathematik – Physik. Akademie-Verlag Berlin – Pergamon Press Oxford – Vieweg & Sohn, Braunschweig, 1965.

[39] Treder, H.-J., Eine analytische Formulierung der Mach-Einstein-Doktrin und der Relativität der Trägheit, basierend auf Riemanns Verallgemeinerung des Lagrangeschen Theorems. Istituto nazionale di alta matematica. Symposia matematica Vol. XII, S. 111–138 „Monograf", Bologna 1973.

[40] Treder, H.-J., Copernicus und die Bezugssysteme in Physik und Himmelsmechanik. Die Sterne **49** (1973) 15–22.

[41] Wattenberg, D., De revolutionibus orbium coelestium. Nikolaus Kopernikus und die Geschichte seines Lebenswerkes. Vorträge und Schriften der Archenhold-Sternwarte Berlin-Treptow. Berlin-Treptow 1969.

[42] Weyl, H., Raum – Zeit – Materie. Springer-Verlag Berlin 1923.

[43] Wheeler, J. A. Geometrodynamics. Academic Press New York–London 1962.

[44] Wussing, H., Nicolaus Copernicus. Urania-Verlag Leipzig–Jena–Berlin 1972.

[45] Zinner, K., Astronomie. Geschichte ihrer Probleme. Verlag Karl Alber, Freiburg–München 1951.

# SITZUNGSBERICHTE DER SÄCHSISCHEN AKADEMIE DER WISSENSCHAFTEN ZU LEIPZIG

## MATHEMATISCH-NATURWISSENSCHAFTLICHE KLASSE

**Band 107**

Heft 1 Prof. Dr. OTT-HEINRICH KELLER, Die Homologiegruppen der Flächen 3. Ordnung 1965. 15 Seiten — 8° — M 2,30

Heft 2 Prof. Dr. FRANZ RUNGE, Grignard und die nach ihm benannte Synthese 1966. 17 Seiten — 3 Abbildungen — 8° — M 2,30

Heft 3 Prof. Dr. KARL SCHMALFUSS, Zur Kenntnis der Bodenbildung 1966. 13 Seiten — 4 Tabellen — 8° — M 1,40

Heft 4 Dr. BODO RENSCHUCH, Verallgemeinerungen des Bezoutschen Satzes 1966. 41 Seiten — 8° — M 4,50

Heft 5 Prof. Dr. med. ROLF EMMRICH, Realität und Theorie des Alterns 1966. 20 Seiten — 9 Abbildungen — 8° — M 2,60

Heft 6 Prof. Dr. WILHELM MAIER, Nichteuklidische Volumina 1967. 20 Seiten — 16 Abbildungen — 8° — M 2,80

Heft 7 Dr. LOTHAR VON WOLFERSDORF, Zur Berechnung optimaler Strategien für Spiele über dem Einheitsquadrat mit an der Hauptdiagonalen unstetigen Auszahlungsfunktionen 1968. 53 Seiten — 8° — M 5,70

**Band 108**

Heft 1 Prof. Dr. PAUL GÖRLICH/Dipl.-Phys. DETLEF GÜLDNER/Dr. HANS-JOACHIM POHL, „Elektronische Spektralmessung“ mit steuerbaren Photovervielfachern 1967. 12 Seiten — 9 Abbildungen — 1 Tabelle — 8° — M 2,10

Heft 2 Prof. Dr. MANFRED GERSCH, Neuroendokrinologie der Insekten 1968. 33 Seiten — 12 Abbildungen — 1 Kunstdrucktafel — 8° — M 4,—

Heft 3 Prof. Dr. HASSO ESSBACH, Die Bedeutung der Morphologie in der Heilkunde 1968. 16 Seiten — 1 Textabb. — 13 Abb. auf 8 Kunstdrucktaf., davon 11 vierfarbig — 8° — M 12,80

Heft 4 Prof. Dr. OTT-HEINRICH KELLER, Über eine Definition von S. Lefschetz in der topologischen Schnittheorie 1969. 29 Seiten — 1 Abb. — 8° — M 4,20

Heft 5 Prof. Dr. WOLFGANG TUTSCHKE, Das Reziprozitätstheorem für eine Klasse pseudoholomorpher Funktionen mehrerer komplexer Variabler 1969. 19 Seiten — 8° — M 3,30

Heft 6 Prof. Dr. WALTER BREDNOW, Von Lavater zu Darwin 1969. 31 Seiten — 14 Abbildungen im Anhang — 8° — M 5,50

Heft 7 Prof. Dr. FRANZ RUNGE, Organische Disulfimide in Wissenschaft und Technik 1970. 24 Seiten — 2 Abbildungen — 8° — M 3,60

**Band 109**

Heft 1 Prof. Dr. ERICH RAMMLER, Über die Theorien der Braunkohlenbrikettentstehung. 1970. 38 Seiten — 13 Abb., davon 2 auf 2 Tafeln — 8° — M 4,—

Heft 2 Prof. Dr. WOLFGANG TUTSCHKE, Stammfunktionen komplexwertiger Funktionen 1970. 20 Seiten — 8° — M 3,70

Heft 3 Dr. habil. GÜNTHER EISENREICH, Zur Syzygientheorie und Theorie des inversen Systems perfekter Ideale und Vektormodule in Polynomringen und Stellenringen 1970. 88 Seiten — 8° — M 10,80

Heft 4 Prof. Dr. med. ROLF EMMRICH, Hochdruck und Hyperlipidämie (Hypercholesterinämie) als Risikofaktoren für die Entstehung der Arteriosklerosen 1971. 23 Seiten — 10 Abbildungen — 4 Tabellen — 8° — M 3,90

Heft 5 Prof. Dr. HANS DRISCHEL, Biologische Rhythmen
1972. 57 Seiten — 31 Abbildungen — 1 Tabelle — 8° — M 6,60 *(vergriffen)*

Heft 6 Prof. Dr.-Ing. Dr. h. c. KURT SCHWABE, Konzentrierte Elektrolytlösungen — Thermodynamische und kinetische Eigenschaften
1972. 49 Seiten — 27 Abbildungen — 2 Tabellen — 8° — M 7,50

Heft 7 Prof. Dr. WOLFGANG TUTSCHKE, Konstruktion von globalen Lösungen mit vorgeschriebenen Singularitäten bei partiellen komplexen Differentialgleichungssystemen 1972. 24 Seiten — 8° — M 4,50

**Band 110**

Heft 1 Prof. Dr. Dr. h. c. PAUL GÖRLICH, Über die Laser und ihre Anwendung
1972. 24 Seiten — 8° — M 2,30 *(vergriffen)*

Heft 2 Prof. Dr. HASSO ESSBACH, Zum Problem der Tumoren im Kindesalter
1972. 24 Seiten — 11 Abbildungen auf 10 Kunstdrucktafeln — 8° — M 6,—

Heft 3 Prof. Dr. med. WALTER BREDNOW, Zur Anthropologie des Schwindels
1973. 17 Seiten — 2 Abbildungen auf 2 Kunstdrucktafeln — 8° — M 2,50

Heft 4 Prof. Dr. h. c. PAUL GÖRLICH, Betrachtungen über den Wissenschaftlichen Gerätebau 1972. 39 Seiten — 8° — M 3,—

Heft 5 Prof. Dr. ERICH RAMMLER, Einige Betrachtungen über Erdgas
1974. 43 Seiten — 8 Abbildungen — 3 Tabellen — 8° — M 4,50

Heft 6 Prof. Dr. GUSTAV E. R. SCHULZE, Zur Rolle des Einfachheitsprinzips im physikalischen Weltbild. 1974. 23 Seiten — 4 Abbildungen — 8° — M 2,50

Heft 7 Prof. Dr. med. ROLF EMMRICH, Zwischen Leben und Tod. Ärztliche Probleme der Thanatologie
1974. 22 Seiten — 2 Abbildungen — 4 Tabellen — 8° — M 3,50

**Band 111**

Heft 1 Prof. Dr. WILHELM MAIER, Vom Erbe Bernhard Riemanns
1975. 13 Seiten — 8° — M 2,50

Heft 2 Prof. Dr. med. HANS DRISCHEL, Organismus und geophysikalische Umwelt
1975. 36 Seiten — 25 Abbildungen — 8° — M 7,—

Heft 3 Prof. Dr. MARIA HASSE, Zum Begriff des allgemeinen Produkts von Kategorien 1975. 30 Seiten — 8° — M 5,—

Heft 4 Prof. Dr.-Ing. Dr. h. c. KURT SCHWABE, Analytische Probleme des Umweltschutzes
1975. 28 Seiten — 9 Abbildungen — 2 Tabellen — 8° — M 3,50

Heft 5 Prof. Dr. WOLFGANG BUCHHEIM, Die kopernikanische Wende und die Gravitation *(Vorliegendes Heft)*

Heft 6 Prof. Dr. HERMANN BERG, Photopolarographie und Photodynamie
*(In Vorbereitung)*

*Einzel- oder Fortsetzungsbestellungen durch eine Buchhandlung erbeten*

*Sitzungsberichte bis Band 106*
*durch das Zentralantiquariat der Deutschen Demokratischen Republik, Leipzig, ab Band 107 durch den Akademie-Verlag, Berlin, zum Teil noch lieferbar*

AKADEMIE-VERLAG
DDR-108 Berlin, Leipziger Str. 3—4

FSC
www.fsc.org
MIX
Papier | Fördert
gute Waldnutzung
FSC® C083411

Zeitfracht Medien GmbH
Ferdinand-Jühlke-Straße 7
99095 Erfurt, Deutschland
produktsicherheit@kolibri360.de